朝日おとなの
学びなおし！

物理学

宇宙・物質のはじまりがわかる

量子力学

東京都立大学名誉教授
広瀬立成

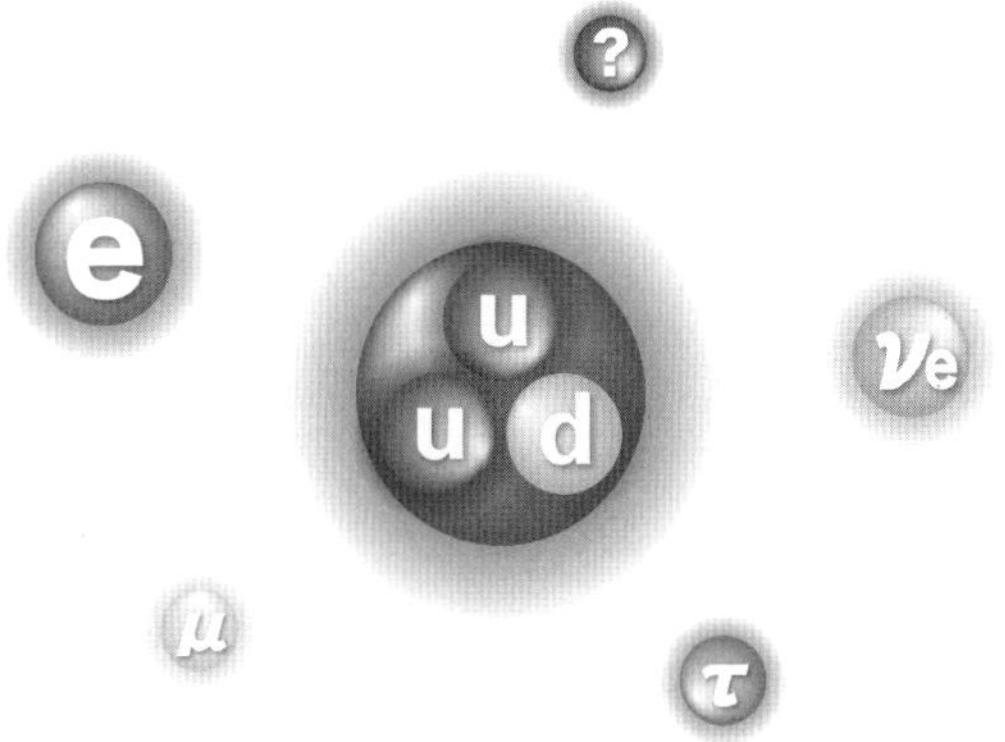

朝日新聞出版

はじめに

近ごろ、いろいろなところで市民の方々に、物理学について講演する機会があります。話が終わったあとも質問や意見が飛び交い、会場には熱気が立ちこめています。長年、物理学を生業《なりわい》にしてきた者にとって、こんなうれしいことはありません。

一昔前までは、物理学といえば、さまざまな学問分野のなかでも嫌われものの一番手で、物理学者はその担い手として、何となく敬遠されてきました。物理学は、人間の主観に頼らないで、自然や宇宙を解き明かすという役割をもっていますが、それゆえに、人間世界からは遠く離れた冷たい存在とみなされてきたようです。

高等学校の同窓会では、とくに女性から、物理を嫌悪した高校時代の話を聞かされます。彼女らは、いまでも物理学の悪夢にうなされることがあるらしいのですが、たしかに物理学には、人々を寄せつけない魔力があるようです。もちろん物理学はマジックではありませんから、魔力の原因とそれがもたらす結果について、合理的な道筋を提示することができるのですが。

ところが、長年にわたって白い目で見られてきた物理学に対して、このところ、少し雲行きが変わってきたように感じられます。

朝日カルチャーセンターでは、文化一般について、その道の達人の講義が用意されていますが、そこに、宇宙や物質の基本についての講座があって、市民から好評を得ているのです。「ヒッグス粒子」「光より速いニュートリノ」「不確定性原理の破れ」「ダークマター」など、これまでの常識を超える物理学の話題がマスコミをにぎわし、そのようなトピックスに関連する講座も用意され、人気を集めています。けれども、このような最新の成果を、単に話題として受け止めるのではなく、もう一歩踏み込んで物理的な意味を理解しようとすると、とたんに大きな壁にぶつかってしまいます。そのためには、量子力学という理論体系の勉強を必要とするからです。

そんなとき、新宿・朝日カルチャーセンターから、年間20回というこれまでにない規模で、「量子力学」の講義を担当してほしいという依頼がありました。科学に関心のある聴講生からも、量子力学をじっくり学びたいという要望が寄せられているというのです。私はかつて、文系の1年生を対象に、「現代物理への招待」というテーマで、半年間・15回ほどの講義を行ってきた経験があるので、20回という回数には驚きませんでした。しかし一つだけ困ったことがありました。

量子力学は、私たちが目で見ることができない「ミクロ（微視）の世界」のしくみを明らかにしようとする学問体系です。それだけに、マクロの世界の常識にどっぷりと浸かっている私たちにとっては、量子力学の主張はなんとも抽象的に映ります。そして、抽象的な概念から物理法則を導き出そうとすれば、数学を多用せざるをえません。事実、量子力学の教科書は、数式で満ちあふれています。見えない世界を、数学抜きで、生き生きと描き出すためにはどうしたらよいか――。私は悩みました。

そこで、物理学を専門としない一般の人たちが、量子力学の概念を理解し、ミクロの世界の面白さを実感するために、二つのことに気を配りながら、テキストをつくることにしました。第一は、イラストを多くして「見える化」をはかること。第二は、マクロの世界との対応に注目しつつ、できるかぎり「感じ」をつかんでもらうことです。

第二の点については、専門家から、量子力学の正確な理解を妨げるということで、お叱りを受けるかもしれません。けれども、私はそのような指摘をあえて甘受しようと思っています。ものごとの理解度とは、だれもがはじめから１００％ということではなく、勉強を進めるなかで、50％、70％、90％というように少しずつ向上するものです。さらに、そこそこの理解であっても、より多くの人が物理学に関心を寄せることもまた、科学の普及という面では重要な要件である、と考えるからです。

20回分のテキストをつくるのは大変だと思っていた矢先、朝日新聞出版の「おとなの学びなおし！」という新しいシリーズ企画のなかで、「量子力学」が取り上げられることになりました。これは、カルチャーセンターの講座と同じ意図でしたから、執筆をお引き受けすることにしました。

そこで、見えないミクロの世界の「見える化」と、常識を超えた現象の「感じをつかむ」ことを重視して書きはじめました。

本書には、もう一つ、私のひそかな期待が込められています。

ヨーロッパ、とりわけドイツに行ってみると、科学についての一般市民の関心の高いことに驚きます。科学精神が、アリストテレス以来２４００年にもわたって脈々と受けつがれてきた西欧社会と、明治になってはじめて物理学が移入された日本社会とは、科学の歴史的な基盤がまったく異なっています。「なぜ、なぜ、なぜ」と、納得がいくまで問いかける西欧の人々と、「まあいいや」と妥協することの多い日本人。それぞれの性質には長所と欠点があるでしょうが、私たち日本人はもう少し「なぜ精神」をもち合わせてもよいのではないでしょうか。私が物理学に期待するのは、「なぜ精神」を涵養《かんよう》し、ものごとの基本を見る目を育てることです。

最後に、私の手前みそをお許し願います。物理学の実験研究には多額の資金を必要とし、それには国民の税金が使われています。私の心の片隅には、これまでに積み上げてきた物理学の経験と知見を何らかの形で国民にお返ししたいというささやかな気持ちがくすぶっています。本執筆によって、そうした私の思いが少しでも伝われば幸いです。

宇宙・物質のはじまりがわかる

量子力学

目次

イラスト・図版作成　福崎悦子

第1章

量子論への長い道のり

1　古代人が考えた宇宙と物質

さまざまな天地創造神話

宇宙についての最も古い思索は、「天地創造神話」として、世界の民族によって伝承されてきました。

紀元前8世紀のギリシャにあって、抒情詩人ヘシオドスは、『神統記』のなかで「世界はカオス（混沌《こんとん》）から始まった」とのべています。古代インドの『ウパニシャッド』、古代中国の『山海経《せんがいきょう》』、『荘子』などにも、独自の宇宙観が示されています。

古代日本人の宇宙観は、『古事記』（712年）、『日本書紀』（720年）にみることができます。たとえば『古事記』によれば、天地のはじめのとき、高天原《たかまがはら》にアメノミナカヌシという神様が現れますが、その7代目のイザナギとその妻イザナミは、日本国土（大八島《おおやしま》）の創造神として知られています。天の浮き橋に立ち、矛《ほこ》で海をかき回して引き上げると、そのしずくが固まって「オノゴロ島」ができたといいます。

宇宙開闢《かいびゃく》のありさまが、時間の経過とともに具体的に語られているのは、『旧約聖書』の中の「創世記」でしょう。７日間の宇宙創造のドラマのうち、第１日目の冒頭には次のような一文があります。

「はじめに、神が天と地を創造した。地は形がなく、何もなかった。闇が大いなる水の上にあり、神の霊は水の上を動いていた。そのとき神が、『光よあれ』と仰せられた。すると光ができた」

創世記では、このあと第１日目に昼と夜ができ、２日目には大空、３日目には植物、４日目には太陽と月と星……というように一週間にわたる天地創造の様子が描かれています。本書でも第４章でのべますが、混沌とした世界から秩序がつくられるさまは、現代物理学が理論的に明らかにしている物質生成のしくみとそっくりです。もちろん、古代人たちは、観測事実に合わせて宇宙像をつくったわけではありません。それまでわずか数千年の歴史しかないと思われていた宇宙は、神によって想像されたものに違いありませんでした。

ギリシャ正教会は、世界創造紀元を用いていましたが、その元年は西暦に直すと紀元前５５０８年にあたるといわれています。現代物理学は、大爆発（ビッグバン）による宇宙の誕生が１４０億年前に起こったことを予測していますが、この長大な時間は人間の想像をはるかに超えています。

古代ギリシャの宇宙観

前6世紀ごろになると、ギリシャの人々は、新しい世界の見方を発見しました。宇宙の現象を、空間・時間の展開としてとらえることができるようになったのです。そしてそれがうまくいったとき、人々は自然との一体感を味わうことができました。数学者ピタゴラス、万学の父アリストテレスらが、競って宇宙観を披露しています。

ギリシャ時代の典型的な宇宙像を示しましょう（**図1-1**）。宇宙には、スイカの皮のような球殻が何重にも重なっていて、そこに太陽系の惑星がはめ込まれています。一番外側には、恒星が散りばめられており、その外側には神様がいて、球殻の回転を制御しつつ、惑星を運行させています。当時、運動を肉眼で観測できる星は太陽と惑星であり、それらは、中心にある地球のまわりをめぐっていました。

古代ギリシャの宇宙像には二つの特徴があります。

①宇宙の中心に地球がある（天動説）

②惑星は円軌道に沿って運動する

1-1 アリストテレスの宇宙像

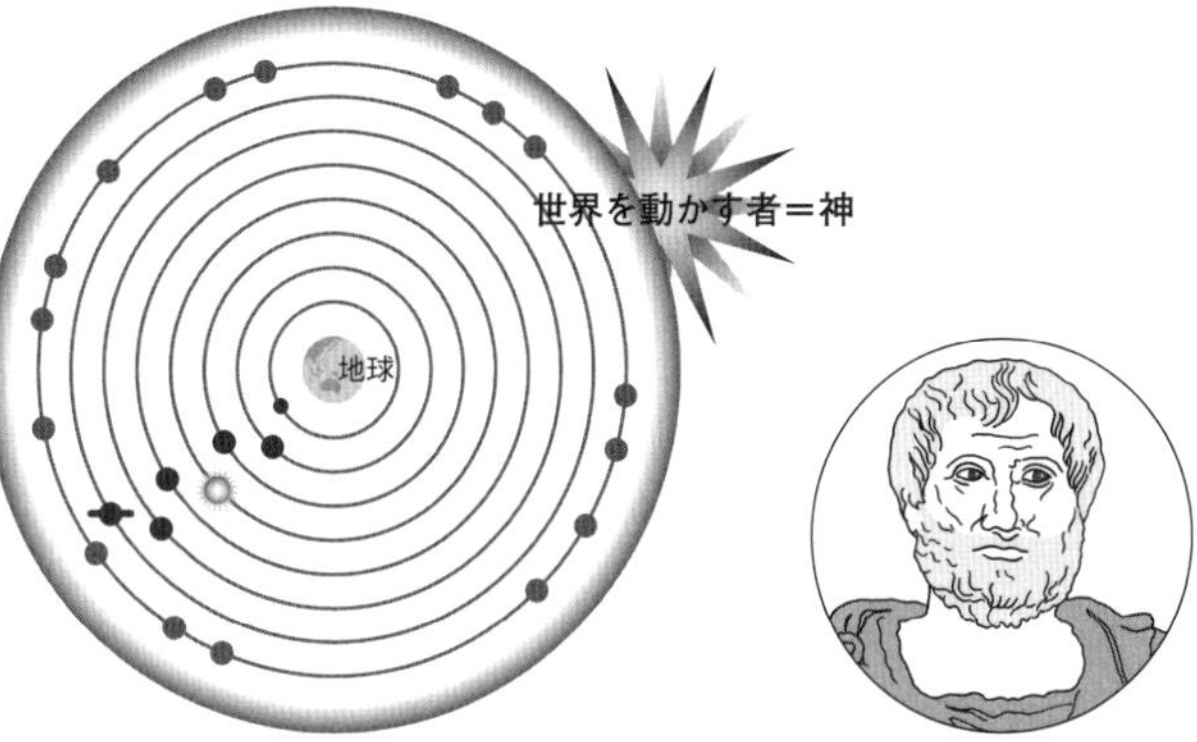

アリストテレス
（前384頃〜前322）

なるほど、人間が宇宙を観測するのですから、地球が宇宙の真ん中に位置するのはもっともです。また、惑星が球殻にはめ込まれている以上、その運動は円軌道にならなければおかしい。円には、始めも終わりもなく、神の世界に備わった永遠の相を象徴しているように思われます。およそ科学には縁のなかった当時にあっては、ギリシャの人々がつくり上げた宇宙像は、それなりにつじつまの合った発想に基づいていました。

万物の根源を思索したアテネの哲人たち

さて、このような宇宙像の構築と比べたとき、自然観あるいは物質観を築くことは、はるかに手の込んだ仕事です。星の運行は規則正しいけれども、地上の物体は、形も、運動も、性質も、ほとんどばらばらで統一がありません。このような対象から、一般的な性質を引き出すためには、よほど根気よく現象を観察しなければならないし、多種多様な観測結果を系統的に整理する必要もあります。

自然をより根源的な立場から理解したいという願望は、ギリシャ時代のアテネで芽生えました。すでにいまから２４００年も前、アテネには師弟関係でつながる３人の偉人、ソクラテス、プラトン、アリストテレスが、万物の根源を思索していました。３人はそれぞれ、かなり違った個性をもち、独自の世界観をもっていました。以下では、想像を交えて、３人の人となりを描いてみましょう。

なりふりかまわず、だれとでも情熱的な対話をするソクラテス（前４６９〜前３９９）。彼は、自然にはほとんど目もくれず、人間とは何かを飽くことなく語り続けました。そこには、「徳は知なり」という思想を掲げて人間探求にのめり込んでいく、情熱的な田舎教師の姿がありました。

ソクラテスの弟子プラトン（前４２７〜前３４７）は、ハンサムな貴公子という風貌を持ち、師がしゃべり散らした世界観を美しく作品化して、不朽の名作を多く残しています。天才詩人とも評価されるプラトンは、国家、人間、美、善などの理想が実現している世界、すなわち「イデア界」を追求しました。彼の目には、現実の自然は常にベールをまとった、おぼろげな存在としか映りませんでした。ここにある花、あそこにある花は、やがて枯れ果てて消えてゆく「仮の花」でしかありえない。大切なことは、本物の花、すなわち「花のイデア」を把握することです。ものごとの本質をつかもうとするプラトンの態度は評価されるべきですが、観測を重視した自然科学的なものとはいえません。

　プラトンの弟子アリストテレス（前３８４～前３２２）の世界観は、師とはがらりと異なっていました。彼は、当時の後進国マケドニアの王室の家庭に生まれ、17歳くらいでアテネにあるプラトンの学校「アカデメイア」に留学しました。猛烈な勉強家で、師プラトンを驚かせたようです。アリストテレスは、理想的な世界（イデア）を描く師とは違って、現実を凝視しつつ、そのしくみを明らかにしようとしました。ここにある花、あそこにある花を解剖し、観察してこそ、花の本当の姿がわかる。花の背後に、「花のイデア」という別世界などありえない……。アリストテレスは、多くのギリシャのインテリとは違って、手を汚して実験に取り組み、細心の注意をはらって観察しました。

　アリストテレスはこういいました。「イデアは、現実を無視した主観的な発想にすぎない」

と。彼はイデアを排斥して，晩年のプラトンに嫌われたようです。「育てた馬に蹴飛ばされた」と嘆くプラトンに対して、「プラトンは師であり友であるが、真理はもっと大切な友である」とアリストテレスは反論しました。

先駆的なデモクリトスの原子説

　アリストテレスより半世紀ほど前、ソクラテスと同じ時代のギリシャで、古代原子説を完成した人物がいました。デモクリトス（前４６０頃～前３７０頃）です。彼の主張は、次のようにまとめることができます。

①万物は、感覚ではとらえられない分割不可能で微小な粒子、原子（アトム）からなる（**図1-2**）。原子にはさまざまな種類があり、質的には同じだが、大きさ、重さ、形が異なる。アトムの語源は、ギリシャ語のアトモス（それ以上分割できない）。

②世界には原子と、それが運動する空虚な真空だけが存在する。

③原子は新しく生まれたり、消滅することはない。すべての現象は、原子の結合と分離にすぎない。

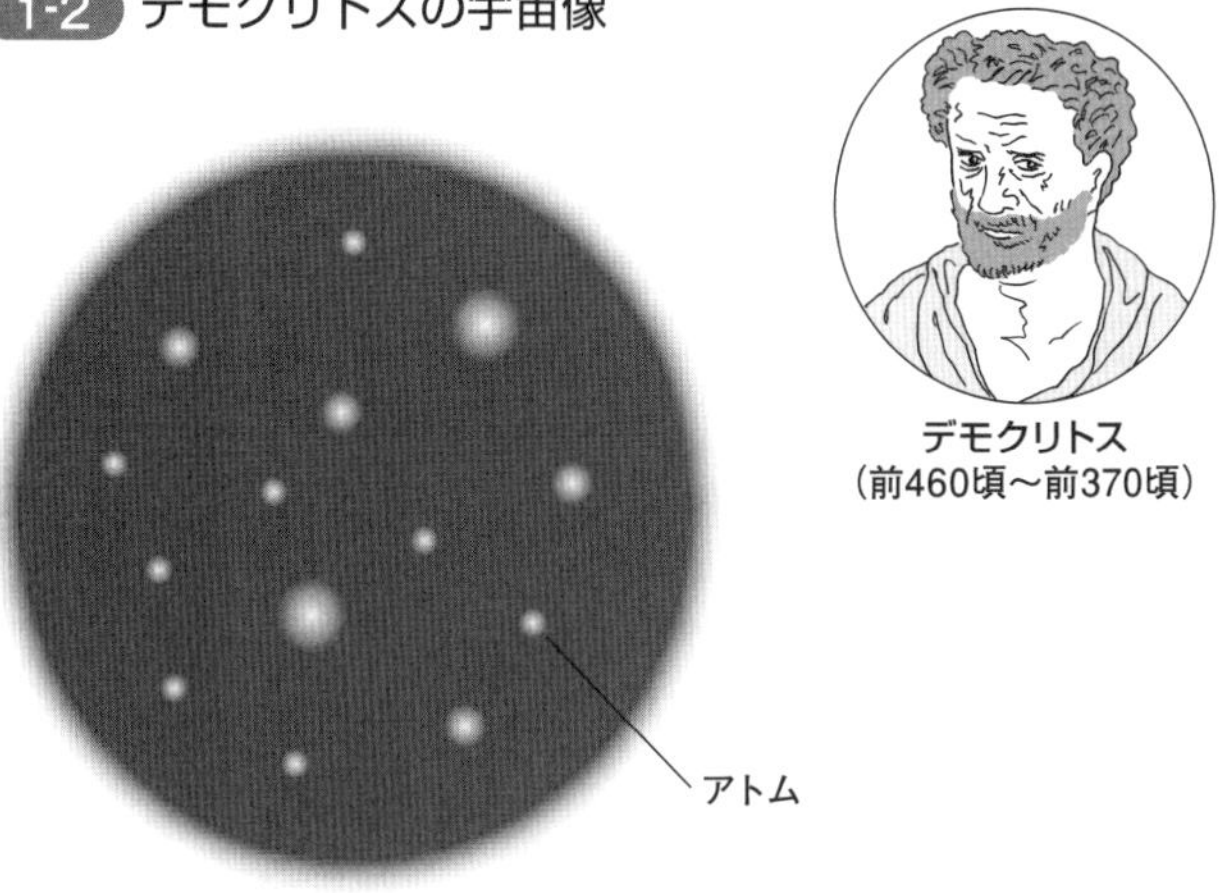

1-2 デモクリトスの宇宙像

デモクリトスの時代のギリシャの中心都市アテネは、平和と繁栄に酔い、風紀は乱れていました。ソクラテスやプラトンは、このような堕落した風潮を改めるために、宗教的・道徳的な心をもった、美しく理想的なアテネに立ち返らせようと努力していました。それに対して、「この世界は、真空とそこに浮かぶアトムだけ」というデモクリトスの原子説は、いかにも人をバカにした響きがあります。それは、見方によっては、愛も秩序も理想もない、危険思想でもありました。

　デモクリトスは、笑いを失わない勇敢な平等主義者だったようです。そうであれば、人の上に人をつくるという階級社会は望まなかったでしょう。彼にとっては、王様も総理大臣も、しょせん目には見えない微少なアトムの集まりにすぎませんから、偉い人、そうでない人などと判断するのはナンセンスということになります。真善美を理想として、秩序ある都市づくりを進めようとしていた為政者にとっては、デモクリトスの主張は認めがたいものだったのです。

若き日のカール・マルクス（１８１８〜１８８３）は、デモクリトスの大胆な原子説にほれ込んだといいます。マルクスは、資本主義の打倒を目指し、新しい社会体制の必要性をとなえて、当時の権力者に恐れられていました。彼は自分が置かれた状況を、ギリシャ時代の主流派に対立するデモクリトスに投影したのでしょうか。

古代原子論は当時のギリシャの社会情勢にそぐわないものの、いまから２０００年以上も前に、物質の本質を見極めたデモクリトスの直感には脱帽するしかありません。「物質はそれ以上分割できないアトムからなる」という見解は、近代の原子論にも通じる先駆的な発想でした。

アリストテレスの反撃

デモクリトスの原子説に対して、単に情緒的に反対するのではなく、理論的に攻撃を挑んだのはアリストテレスでした。彼は自らの論理学を駆使《くし》して、次のように反論しました。

①原子はいくら小さくても大きさをもつのだから、それより小さな粒に分けられるはずだ。

②真空とは無である。真空の存在は「無が有る」ということになって、明らかに論理的に矛盾している。

　なるほど、どちらも鋭い攻撃です。原子が大きさをもつ以上、それはさらに小さな粒子に分割できるはずです。もし、それができないとすれば、その理由を明示すべきですが、原子説にそんな大それたことができるはずもありません。デモクリトスはただ、それ以上分割できない、固い小さな粒を思い描いただけなのです。真空についても、アリストテレスの論理に反論することは困難でした。何しろ当時は、真空の存在など、だれも実証することができなかったのですから。

　論戦の舞台は、２０００年以上前のギリシャ。目に見えないアトムの存在など、とても実証実験で確かめることができない時代にあって、議論の正否は別な要因（たとえば権威や地位）で決まってしまいます。アリストテレスは、最先端の知識で武装した論理学の第一人者であり、豊富な自然観測の経験を蓄積していました。現代風にいえば、総合科学研究所の所長といったところでしょう。彼の原子論への反論は、単なる情緒的なものではなく、それまでに得られたすべての知見を総動員してつくり上げた首尾一貫したものであり、だれ一人として、その主張に異をとなえることはできませんでした。

学問と芸術の歴史における三大巨匠として、アリストテレス、レオナルド・ダ・ビンチ（１４５２～１５１９）、ゲーテ（１７４９～１８３２）が語られることがありますが、とりわけアリストテレスの偉大さには、目を見張るものがあります。宇宙論、物理学、化学、生物学、哲学、論理学などへの貢献は、数え上げたらきりがありません。

16～17世紀、コペルニクスやガリレイは、紀元前4世紀のアリストテレスの宇宙論（天動説）に対して命がけで戦ったし、また、ボイルやラボアジエが躍起になって攻撃したのもアリストテレスの化学でした。近代原子論は、２０００年以上にわたって、ヨーロッパの知識階級に君臨していたアリストテレスへの挑戦から始まったのです。

2　物質は何からできているのか

アリストテレスの4元素説

物質の根源が4元素「土・水・空気・火」からなるとする考えは、はじめエンペドクレス（前４９０頃～前４３０頃）によって提唱されました。彼は4元素が不生不滅であると考えましたが、アリストテレスの元素はたがいに転換することができました。

アリストテレスによれば、4元素「土・水・空気・火」の元になる「第一物質」があり、それが「冷たさ」と「乾き」を与えられると、「土」となって私たちの目の前に現れます。同様に、「冷」と「湿」から水が、「湿」と「温」から空気が、「温」と「乾」から火が生じます（**図1-3**）。

ここで、「乾・冷・湿・温」を取り替えると、元素が転換します。たとえば、「冷・乾」からなる「土」は、「乾」と「湿」を取り替えると「水」になるというわけです。これらの元素は、私たちの世界を隙間なく満たしています。ここには、「真空はない」と断言す

1-3 アリストテレスの4元素説

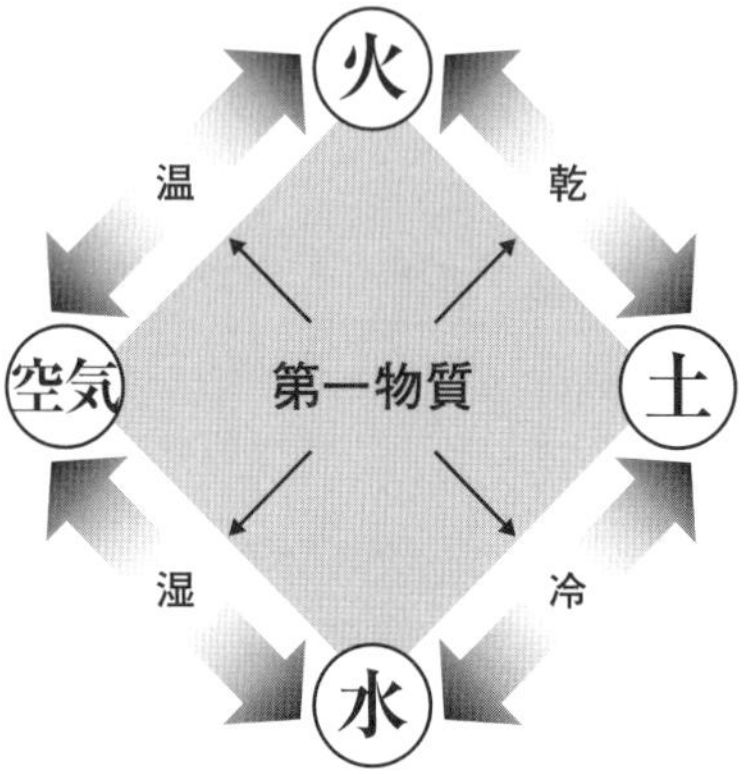

るアリストテレスの基本的な考えが反映されています。

たしかに、原子が真空中をバラバラに運動しているというデモクリトスの原子説は、当時の人々にとっては奇異以外の何ものでもありませんでした。このような空想の産物ともいうべき原子説に比べ、4元素説は身のまわりにある物質を利用しつつ、人々を納得させるだけの説得力をもっていました。2000年以上にわたり、ヨーロッパの知識階級に君臨してきた4元素説の間違いを科学的に明らかにすることは、思った以上にやっかいでした。

アリストテレスによれば、水たまりの水を蒸発皿にとって火にかけると、次のよう

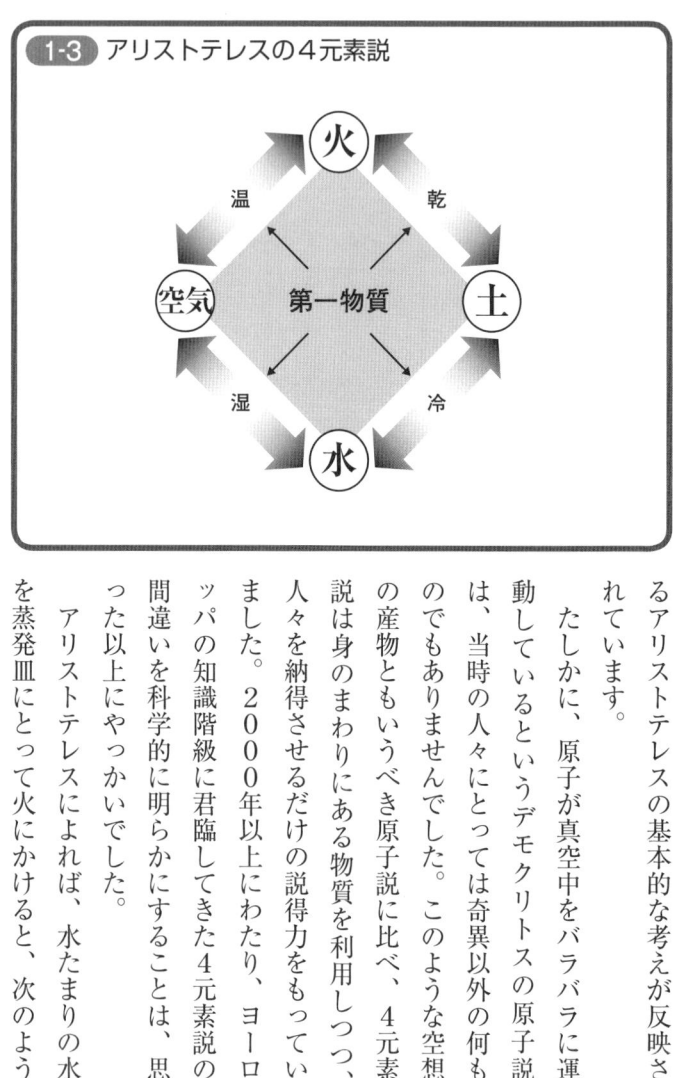

な変化が起こります。水は「冷と湿」、火は「温と乾」からなりますが、水を火にかけると水は温められ、火は冷えます。このように水と火が一緒になって冷と温が入れかわると、「温と湿」および「冷と乾」が生じます。これはすなわち空気と土というわけです。

水＝冷＋湿　水を火にかけると水は温められる　→　空気＝温＋湿
火＝温＋乾　火は冷える　→　土＝冷＋乾

実際にこのような実験をやってみると、水は蒸発して空気となり、蒸発皿の底には土が残ります。ここで空気と思っていたのは水蒸気であり、土と思っていたのは汚れた水に溶けていた物質です。しかし、空気と水蒸気の区別や、汚れた水に溶けている物質などの知識のなかったその時代にあっては、アリストテレスの物質転換の発想は、たしかに実証性をもっていて、だれもその間違いを追究することができませんでした。安っぽい金属を、金などの貴金属に変えるという中世に流行した錬金術は、アリストテレス流の物質転換の発想が基礎にあるようです。

4元素説に挑んだラボアジエの執念

18世紀、フランスの化学者A・L・ラボアジエ（1743〜1794）は、アリストテレスの４元素説に疑いをもちました。そして、水と火が空気と土に変わることが誤りであることを実験的に証明し、元素説を追放しようとしました。

水といっても、普通の水には多くの不純物が含まれています。彼はまず、８回蒸留して純粋な水をつくりました。それを蒸留器に入れ、蒸気を逃がさないようにして、１０１日間沸騰し続けたというのですから、その執念たるや並ではありません。

もちろん、実験の前には容器や水の重さを正確に測定してあります。実験後、水の重さは変化していませんが、容器がわずかに軽くなっていました。その代わり、容器の底には少量の固体が残り、それは容器の減量分と同量でした。つまり、容器のガラスの成分が溶け出して、土のような固体になって沈殿していたのです。水が土に変わったのではありませんでした。

ラボアジエは、化学変化を質量（重さ）の視点から評価するという物理的方法を導入して、物事の本質を見極めようとしました。３カ月あまり、ただの水を沸騰させ続けて重さを測るという、おそろしく退屈な実験ではありますが、これは、２０００年以上君臨し続けてきたアリストテレスの権威を打ち倒す上で、劇的な成果をもたらしました。

ラボアジエの試みは、物質の変化を「重さ（質量）」の測定によって追跡するという点で画期的なものでした。彼は、当時問題になっていた燃焼のしくみを、物質が酸素と結合して重くなると考えました。たとえば、水銀は燃焼によって空気の一部（酸素）と結合し（二酸化水銀になり）、重くなることを確かめています。元素が固有の重さをもつこと、従って、化学変化が重さの測定によって理解できることを明らかにしたラボアジエの功績は素晴らしいものです。

ラボアジエは、自らが体験した多くの実験を、重さを基礎として考察し、「質量保存の法則」を提案しました。この法則は、化学反応に参加したすべての物質を考慮すれば、反応の始めと終わりの質量は等しいことを示しています。

たとえば、炭素（C）が燃えて二酸化炭素（CO_2）になる化学反応は、

$$C + O_2 \rightarrow CO_2$$

と表されますが、炭素と酸素の質量の和は、炭酸ガスの質量に等しいのです。

１７８９年、ラボアジエは、『化学原論』を著し、それ以上他の物質に分解できないものを元素と呼びました。**図1-4**は、彼が選んだ33種類の元素を示しています。この表の中には、水も土も空気も火もありません。また、その後、元素ではなく酸化物であることがわかったものが5種類あります（分類表の土の元素）。彼は、火を元素として認めませ

1-4 ラボアジエの元素表

アントワーヌ・ラボアジエ
(1743～1794)

自然界に広くあるもの	光、熱素、酸素、窒素、水素
非金属	硫黄、リン、炭素、塩酸基(塩素)、フッ酸基(フッ素)、ホウ酸基
金属	アンチモン、銀、ヒ素、ビスマス、コバルト、銅、スズ、鉄、モリブデン、ニッケル、金、白金、鉛、タングステン、亜鉛、マンガン、水銀
土	ライム(酸化カルシウム)、マグネシウム、バリタ(酸化バリウム)、アルミナ、シリカ

んでしたが、光や**熱素**は元素と考えていました。

断頭台の露と消えたラボアジエ

「物質とは何ぞや?」という問いかけに対して、実験を基礎とするラボアジエの業績は際立って輝いています。こうしてラボアジエは、アリストテレスの4元素説を完全に追放しました。

科学革命の先導者ラボアジエは、死の直前まで、栄光と富に包まれていました。彼は、父と叔母から莫大な遺産を相続し、それを資本にして徴税官になりました。これは非常に利益の上がる職業で、ラボアジエは巨万の富を築くことができました。そし

熱素
物体の温度に変化をもたらす、目に見えず重さのない流体。カロリックともいう。

て、それを惜しげもなく化学研究に投じたのです。私設の実験室には、第一級の高価な実験設備がそろっていました。

パリにあったラボアジエの実験室は、有名な科学者たちが集う科学サロンとでもいうべき場所で、外国の科学者も、パリに来るとラボアジエの実験室に立ち寄ることを誇りとしていました。

ラボアジエは28歳のとき、14歳の妻をめとります。彼女は、知性と魅力にあふれ、ラボアジエに寄り添い、実験の手伝いはもとより、論文の整理、化学書の翻訳などに、見事な手腕を発揮しました。ラボアジエは25歳の若さで王立科学学士院の会員に選ばれ、その後25年近く、知性と愛と富の中で、科学研究に打ち込みました。

しかし、この幸せな日々も長くは続きませんでした。フランス革命勃発《ぼっぱつ》後の１７９３年に、徴税吏であること、徴税請負人の娘と結婚していたことなどを理由に投獄されてしまいます。徴税請負人は市民から正規の税に加え、高額な手数料を取ったため、革命政府の標的とされ、富裕な徴税官ラボアジエは人民の敵ということで、革命裁判所が死刑の判決を下したのです。１７９４年５月８日、ラボアジエは断頭台の露となり、50歳の生涯をとじました。

科学革命を成功させた天才ラボアジエは、社会革命の犠牲となりました。彼の栄光と悲劇の人生は、まさしく「事実は小説よりも奇なり（バイロン）」でありました。

近代原子論に貢献した科学者たち

ラボアジエが実験研究を基礎とする新しい研究手法を用いて４元素説の間違いを実証した後、原子論を探究するための化学が急速に発達しました。以下に、19世紀終わりごろまでの、いくつかの注目すべき成果をまとめておきます。皆さんは、きっとどこかで、ここにあげた科学者の名前と業績のいくつかを耳にはさんだことがあると思います。

R・ボイル（アイルランド・１６２７～１６９１）
ボイルの法則（気体の体積は圧力に反比例する）

A・L・ラボアジエ（フランス・１７４３～１７９４）
33種類の元素、質量保存の法則

J・ドルトン（イギリス・１７６６～１８４４）
倍数比例の法則（化学元素は一定の質量比で化合物をつくる）。原子量の導入

J・J・ベルセリウス（スウェーデン・１７７９〜１８４８）

近代化学の父と呼ばれる人々の一人。１８２８年までにそれまで知られていた43の元素の原子量を、多くの化合物を研究して求めた。元素記号をアルファベットで表す現在の方法を提案

A・アボガドロ（イタリア・１７７６〜１８５６）

アボガドロの法則（同温、同圧の気体は、同じ容積中に同数の分子を含む）

M・ファラデー（イギリス・１７９１〜１８６７）

マイナスの最小単位の電荷をもつ粒子「電子」の予測。

J・J・トムソン（イギリス・１８５６〜１９４０）

電子の発見（１８９７年）

3 光は粒か　それとも波か

量子論の扉を開いた「光」の研究

「物質とは何か?」という根源的な問いかけは、いつの時代にも人類の知的関心を引きつけてきました。ここからは、各時代の物質研究がどのような特徴をもっているかを見失わないようにして、議論を進めていくことにします。まず、これまでに見てきた物質研究の位置づけと、それに続く研究を概観し、量子力学の歩み全体を頭に入れておきましょう。研究の歴史を、次のように5段階に分けて考えます。

①古代原子論（デモクリトスの原子論）
②近代原子論（17世紀半ば〜19世紀）
③前期量子論（19世紀末〜20世紀4半世紀）
④原子の量子力学（20世紀中頃まで）
⑤現代の素粒子像（20世紀中頃以降）

これまで見てきたように、①古代原子論、②近代原子論の目的は、物質の構成要素としての「粒子」を探ることにありました。古代原子論でデモクリトスが想定したアトムも、近代原子論の担い手、ラボアジエ、ドルトン、アボガドロたちが考えた元素も「粒」でした。

一方、元素と並んで人々の関心を引きつけてきたのは「光」です。光は自然界のどこにでも存在します。光がなければものを見ることができません。光は、元素のように物質の中に閉じ込められてはいないから粒ではなく、波とみなすのが当を得ているようです。こう見てくると、光は原子論とは無関係のように思われるかもしれません。

ところが光は、19世紀終わりから始まった新しい原子論「**量子論**」への突破口を開く立役者となりました。目で見ることができる世界を「マクロの世界」、目では見られない世界を「ミクロの世界」とよびます。量子論とは、ミクロの世界を支配する物理法則で、その後に続く量子力学、さらに現代の素粒子論へと発展しますが、その中でも光は重要な役割を果たすことになります。

量子論
量子とは、古典力学では考えられなかった不連続な量の最小単位。1900年、マックス・プランクによって発見・提唱された。量子を扱う理論を量子論という。

光と人間の深い関係

量子論における光の貢献を調べる前に、光と人間のかかわりを見ておきましょう。

光は、私たちに光明をもたらすものとして、多くの宗教に登場します。光を放つのは太陽ですから、太陽を神として敬うのはしごく当然です。日本の太陽神は、伊勢大神宮の祭神、天照大神《あまてらすおおみかみ》であり、「天下を照らす偉大な神」を意味します。その出生は、『古事記』と『日本書紀』に記されています。また仏教では、光は仏や菩薩などの智慧《ちえ》や慈悲を象徴するものとされています。古代エジプトの主神は「ラー」とよばれる太陽神。エジプトといえばピラミッドですが、そのピラミッドやオベリスクも、すべては太陽信仰の象徴になっています。

『新約聖書』では、イエスは「私は、世にいる間、世の光である」とのべています。父なる神が光源であり、光はイエスなのです。イエスは人々の魂を照らし、人に認識を与えるとされました。このように、世界の多くの宗教において、光は闇に対立し、真や善をもたらすという重要な役割を与えられてきました。

光の性質についての研究は、古代ギリシャの時代からなされてきました。幾何学で有名な卓越した数学者、ユークリッド（前3世紀頃）は、光について、直進、反射、屈折などの現象を研究しました。また、アレクサンドリアで活躍した数学者で発明家のヘロン（生没年不詳）は、光は2点を結ぶ最短距離を進むという考えで、光の直進と反射を説明しようとしました。

光の本性とは何か

11世紀、アラビアの数学者で物理学者、医学者、哲学者のアルハーゼン（９６５〜１０４０）は、光学の反射の法則を確立し、光の検出器としての「目」についても研究しました。彼は、レンズや鏡を使った屈折や反射の実験を行い、光学に関する書物を残し「光学の父」とよばれています。

光についての研究が近代科学として発展し、確立するのは、17世紀に入ってからのこと。それは、レンズ、プリズム、望遠鏡、顕微鏡などの光学器機が次々に発明され改良されて、多くの重要な光学現象が発見されたことによります。

オランダの天文学者、W・スネル（１５８０〜１６２６）は、１６２１年に屈折の法則（スネルの法則）を明らかにしました。１６５７年、フランスの数学者、P・フェルマー（１６０８

〜１６６５）は、有名な「フェルマーの原理（光は、距離が最短になる経路、すなわち進むのにかかる時間が最小になる経路を通る）」を発見し、幾何光学の基礎ができあがりました（光の進む線の性質のみを研究する分野を「幾何光学」とよびます）。

こうして、光の研究が進むにつれ、光の本性は何かについての関心が高まってきました。万有引力の発見で有名なＩ・ニュートン（１６４２〜１７２７）は、プリズムを用いて分光を行い、光は種々の色をもった粒子の集まりで、それが**媒質**《ばいしつ》に当たると固有の振動をするという「粒子説」をとなえました。これに対して、同時代のＲ・フック（１６３５〜１７０３）は、光の回折や干渉の現象を観察し、光を波と考える「波動説」を主張しました。

波のうねりの長さを波長λ（ラムダ）で、１秒間のうねりの数を振動数（周波数）ν（ニュー）で表すと、１秒間に進む距離ℓ（エル）、すなわち波の速度ｖは、次のように表されます（図1-5）。

$$\ell = v = \lambda \times \nu$$

波動説を有力にした「回折」と「干渉」

波動が示す第一の特徴は、障害物の後ろにも回り込むことで、これを「回折《かいせつ》」といいま

媒質
波が伝わる場となる物質。音波の媒質は空気、海の波は海水が媒質になる。

1-5 波長と振動数と速度の関係

$l=v=\lambda\times\nu$

λ：波長
ν：振動数
v：速度
l：1秒間に進む距離

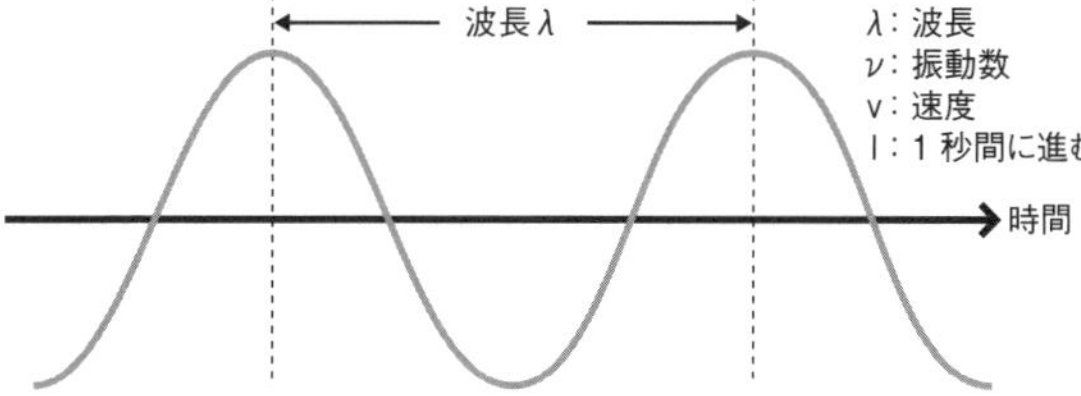

1-6 回折

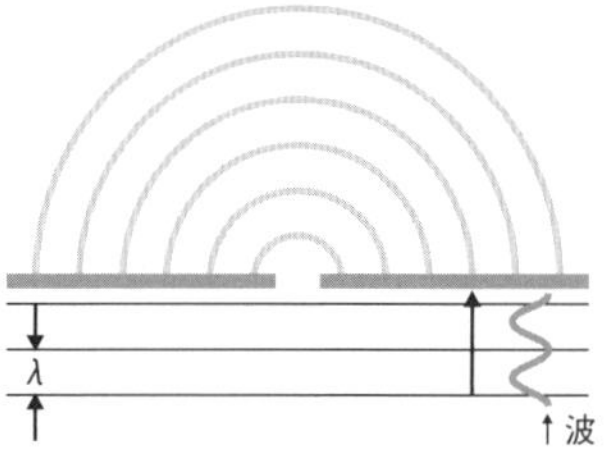

す。海の波を見ていると、波は防波堤の後ろにも回り込んで、岸に向かって伝わっていきます。光についても同じように、穴の開いたついたてで仕切ってみると、光は穴の外側にも回り込みます（図1-6）。もし光が粒ならば、穴より広がった光はついたてに当たって通り抜けることができず、穴より細い光だけが通過できることになります。

　光が波であることを示すもう一つの現象が「干渉」です。あなたは、子どものころ、シャボン玉で遊んだことがあるでしょう。シャボン玉の表面には縞《しま》模様ができますが、これは、シャボン玉の膜の表面と裏面で反射する二つの波にずれができ、それが干渉することによって生じます。つまり、二つの波の山と山、あるいは谷と谷が重なると波は強められて明るくなり，反対に、山と谷が重なったときには弱められるのです。

回折と干渉の現象は、光の波動性を示す二つの特徴です。先にのべたように、ラボアジエの『化学原論』の中には33種類の元素が示されていますが、光も元素の一つに数えられています。彼は、光も物質を構成する元素、すなわち粒子と考えていたようです。

19世紀になると、イギリスのＴ・ヤング（１７７３〜１８２９）が干渉の原理を明らかにして粒子説を否定しました。またフランスのＡ・Ｊ・フレネル（１７８８〜１８２７）も、光を波長の極めて短い波だとして、光の直進、回折を説明し，波動説が有力になりました。

光は電磁波である

このように、光の本性に関しては粒子説と波動説が出されて、長い間対立が続きました。一方、光の研究とは別に、電気と磁気の研究も進んでいました。イギリスの物理学者、Ｍ・ファラデー（１７９１〜１８６７）の研究は、磁石のＮ極とＳ極の間には磁場（磁気の場）が発生し、同じようにプラスとマイナスの電極の間には電場（電気の場）が生じることを明らかにしていました。さらに特別な装置を用いれば、振動する電場や磁場も発生させることができました。

このような状況の中で、イギリスの物理学者J・K・マクスウエル（１８３１〜１８７９）は、古典電磁気学をつくり上げ、電場と磁場が重なって振動する波「電磁波」の存在を予測しました。さらに、電磁波が伝わる速度を求めたところ、光の速度とほぼ一致することが明らかになりました。こうして、光の本性が電磁波であることが分かってきたのです。

ドイツの物理学者H・R・ヘルツ（１８５７〜１８９４）は、独自の実験装置で、電磁波が横波で、有限の速度で伝わることを実証し、マクスウエルの電磁気学の正しさを示しました。

ここで、電磁波の性質について簡単に説明しておきましょう。

図1-7に示すように、電磁波は振動する電場と磁場が組になって波動として空間を伝わっていきます。ある瞬間の電場と磁場は、図からわかるように、たがいに直交していて、電磁波は直角方向に進みます。つまり、電磁波は横波なのです。

電磁波の速さ（光速）cは、1秒間に約30万キロメートルで、地球7回り半に相当します。

電磁波にも、水の波や音の波（音波）のように、速さ、波長、振動数が与えられます。一般の波と同じように、波長λ（ラムダ）、振動数（周波数）ν（ニュー）とすると、1秒

1-7 電磁波の性質

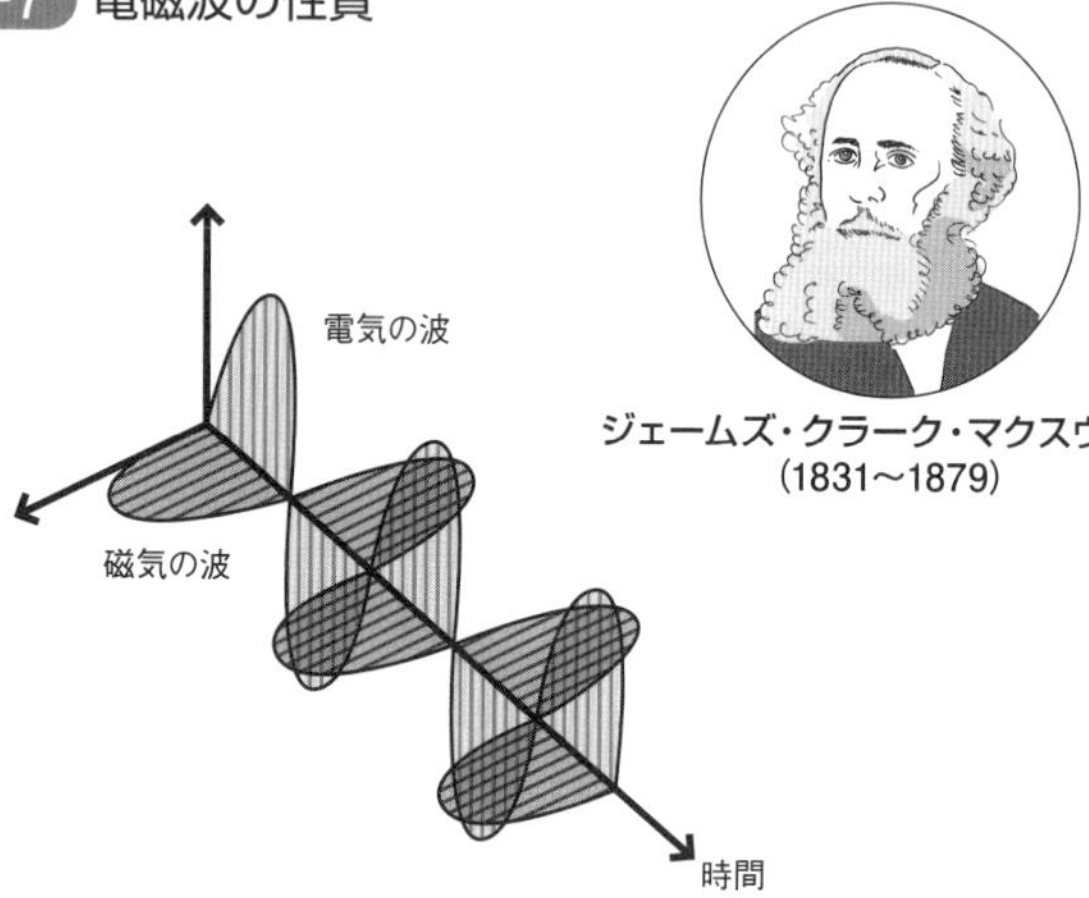

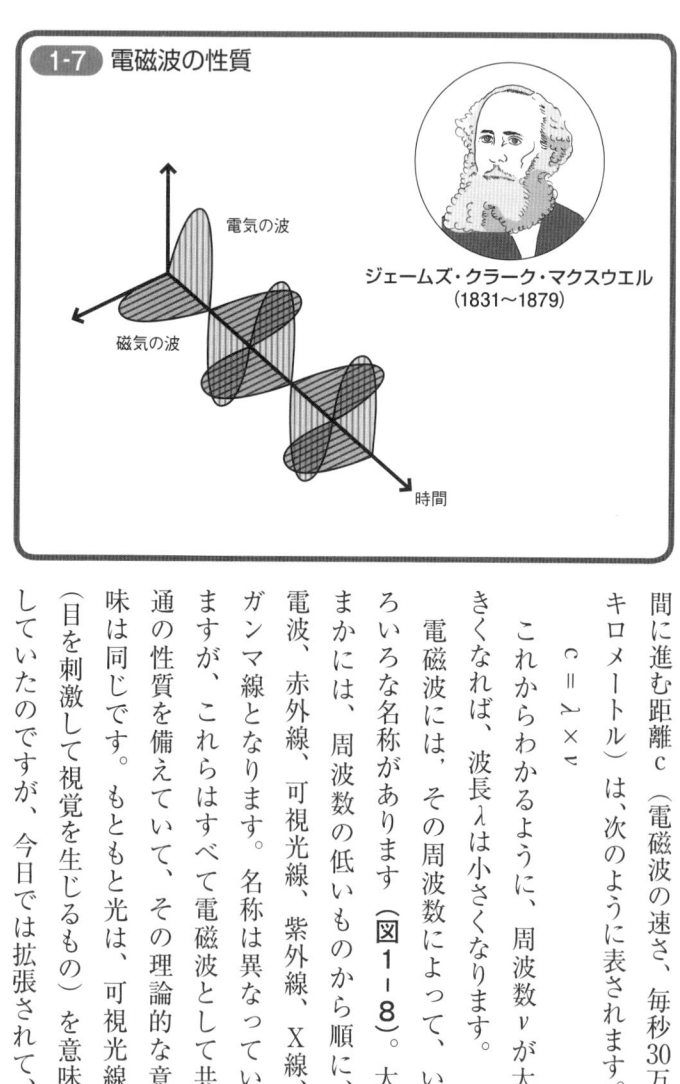

ジェームズ・クラーク・マクスウエル
(1831～1879)

間に進む距離c（電磁波の速さ、毎秒30万キロメートル）は、次のように表されます。

$$c = \lambda \times \nu$$

これからわかるように、周波数νが大きくなれば、波長λは小さくなります。

電磁波には、その周波数によって、いろいろな名称があります（図1-8）。大まかには、周波数の低いものから順に、電波、赤外線、可視光線、紫外線、X線、ガンマ線となります。名称は異なっていますが、これらはすべて電磁波として共通の性質を備えていて、その理論的な意味は同じです。もともと光は、可視光線（目を刺激して視覚を生じるもの）を意味していたのですが、今日では拡張されて、

1-8 電磁波の種類と名称

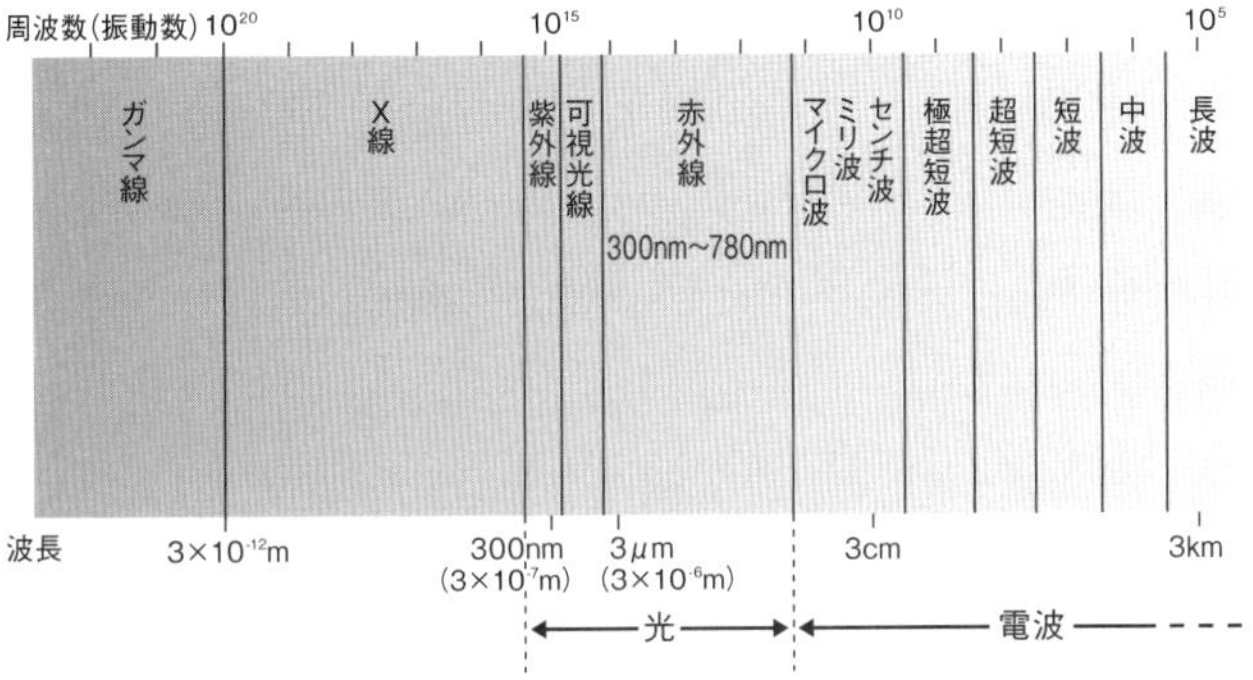

赤外線から紫外線までの電磁波を総称して光とよびます。また、まぎれのないときには、電磁波全体を光とよぶこともあります。

プランクの光量子仮説

18世紀、ニュートンが光の粒子像をとなえて以来、光の性質・本性について多くの議論がなされてきましたが、19世紀後半、マクスウエルは、光が電場と磁場が重なって変動する波「電磁波」の一種であることを発見し、光は波動であるとの見解が定着しました。ところが、そのすぐ後で、光の粒子性と波動性をめぐって、大事件が起こりました。

物体は熱せられると、いろいろな波長の

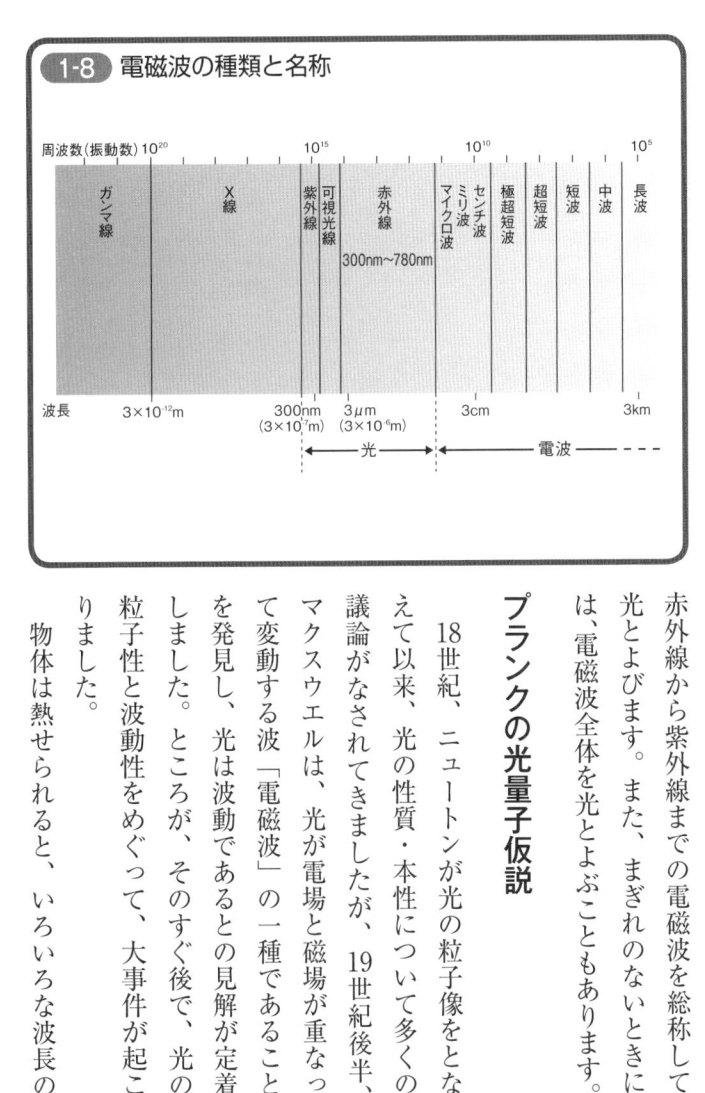

光、すなわち電磁波を放射します。物体の温度が高くなると、より短い波長の（より周波数の高い）電磁波が放射されるようになります。白色に輝く電球のフィラメントの温度は、赤く光っている電気ストーブのニクロム線の温度より高いということです。

そのころ高温物体から放射する光（電磁波）のエネルギー分布（スペクトル）が、実験と理論の両面から活発に調べられていました。理論面では、レイリー・ジーンズの公式とヴィーンの公式が考案されていましたが、それらは放射する電磁波の全波長領域で、光のスペクトルをうまく説明することができませんでした。

１９００年10月、ドイツの物理学者、Ｍ・プランク（１８５８～１９４７）は、新しい公式を発表して、それまでの公式の欠陥を修正しました。プランクの公式には、光の性質について、それまでとはまったく違った斬新な発想が取り入れられていました。それは、光のエネルギーが、ある単位（かたまり）からなるという「エネルギー量子」の考え方でした。光のかたまりを「光量子」とよびます。

プランクによれば、一個の光量子は、その振動数νに比例するエネルギー$E_0 = h\nu$をもっています。実際の光は、n個の光量子からなるとすれば、光のエネルギーEは、

$$E = nh\nu$$

1-9 プランクの量子仮説

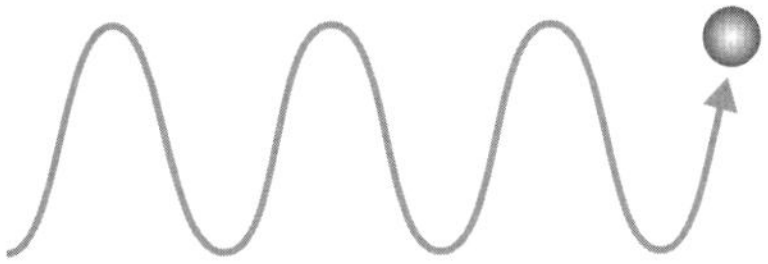

マックス・プランク
(1858〜1947)

$$E = h\nu$$

h → プランク定数

$h = 6.63 \times 10^{-34}$ J・s（ジュール・秒）

光のエネルギーEは振動数ν（ニュー）に比例する

となります。hは「プランク定数」と呼ばれる微小な定数のことです（図1－9）。プランクは、この定式を使って、熱放射の実験を見事に説明しました。

　マクロの世界の波（たとえば海の波）のエネルギーは、波の高さ（振幅）の2乗で大きくなります。このことは、高い津波が大きな被害をもたらすことからもうなずけます。しかしプランクは、光（電磁波）のエネルギーは振幅ではなく振動数によって決まると主張したのです。

　太陽の光に含まれる紫外線は、可視光線より高い振動数をもち、エネルギーが大きいので、紫外線に当たると皮膚の細胞が破壊されます。日常生活にもプランクの光量

ジュール（J）
エネルギーの単位。121ページ参照。

子説が生きているのです！　プランクは「量子論の父」として知られ、1918年にノーベル物理学賞を受賞しました。

4　ミクロの世界の不思議

光の粒子性を示した光電効果

１８８８年頃、ドイツの物理学者Ｐ・レーナルト（１８６２～１９４７）は、金属に光を当てると電子が飛び出す現象を観測していました。この「光電効果」という現象は、次のような特徴を示しています。

①光を金属に照射すると、〝すぐに〟電子（光電子）が飛び出す。
②電子のエネルギーは、光の強さ（光量）には依存しない。
③振動数νを小さいほうから増やしていくと、ある値ν_0までは電子は出ない。ν_0は金属によって異なるが、νがν_0を超えると電子が出はじめ、そのエネルギーは（$\nu - \nu_0$）に比例して増加する。

実験の概略を**図１－10**に示しました。金属板（陰極）と陽極に電池をつなぎ、光を当てたときに流れる電流を観測します。電流とは電荷（電子）の流れですから、光を当てると、

1-10 光電効果とは

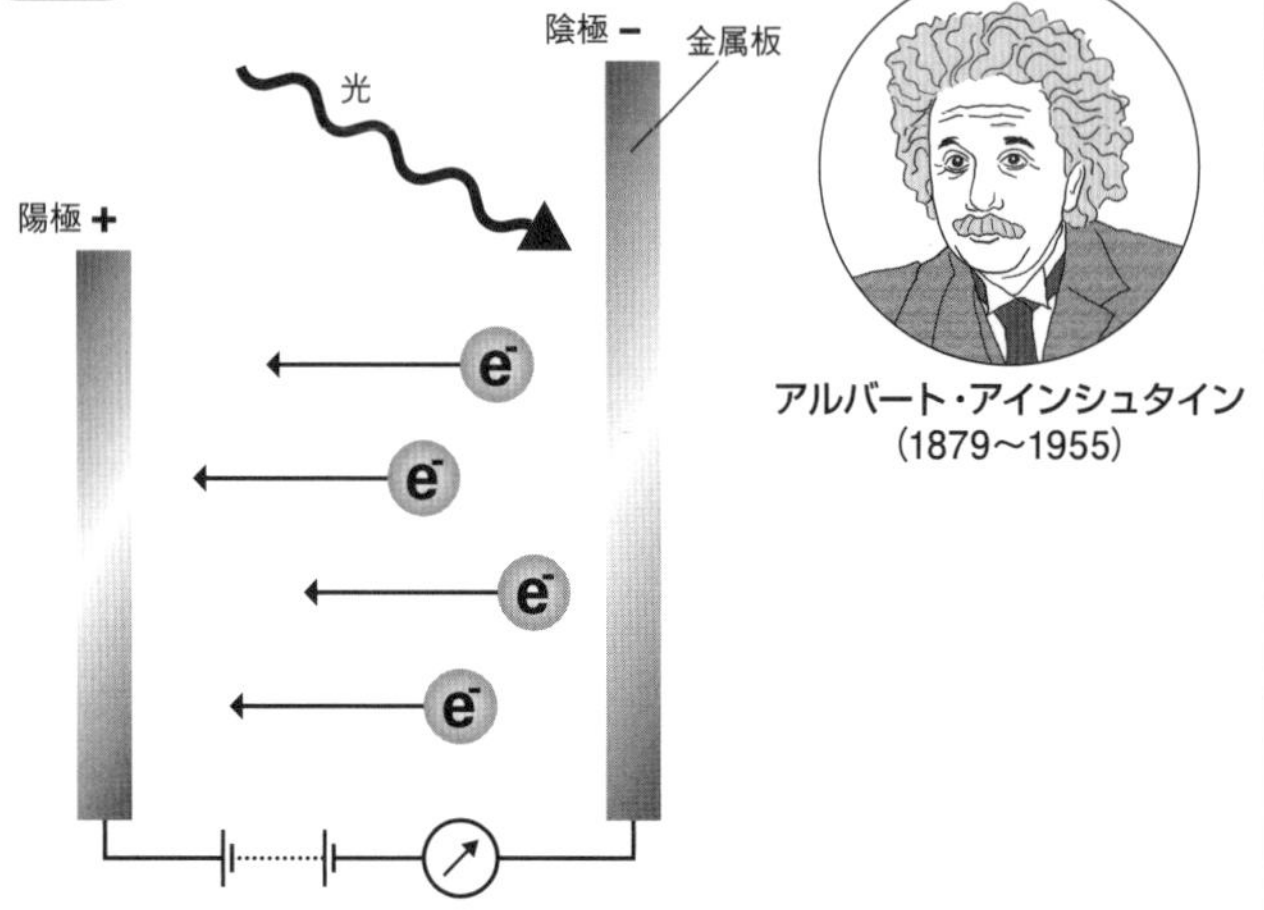

金属板（陰極）→陽極→電流計→金属板という経路で負電荷の流れが発生し、電流として観測できるというわけです。

原子は、真ん中に正電荷を帯びた原子核と、そのまわりを回転する負電荷をもつ電子からなっています。正電荷と負電荷の間にはたがいに引っ張り合うという電気的な力が働いているので、電子は原子内に束縛されています。そのような束縛された電子を飛び出させるためには、外から光を当て、束縛エネルギー$h\nu$を上回るエネルギーを電子に与えなければなりません。

このような特徴をもつ光電効果を先出のマクスウエルの電磁理論で説明しようとすると、いくつもの困難に遭遇します。困難の第一は、波が空間の広い範囲にわたって進んでいくので、微細な金属原子一粒ずつにぶつかるのは、ごく一部の光にすぎない、ということ。その結果、原子内の電子が、光のエネルギーを吸収して飛び出すまでには長い時間がかかることになり、特徴①を説明できません。第二に、波動説では、電子が受け取るエネルギーは光の強さ（光量）に比例するので、特徴②、③を説明できません。

　このような波動説に内在する困難は、光を粒子と考えることによって解決する、と考えたのが、Ａ・アインシュタインでした。物理学の世界に大変革をもたらすことになるこの天才科学者は、１８７９年3月14日、ドイツのウルム市の生まれ。１８９５年、スイスのチューリッヒ連邦工科大学を受験して失敗していますから、勉強ができる秀才タイプではなかったようです。

　アインシュタインは、プランクの光量子仮説を光電効果に当てはめました。光がエネルギー$h\nu$をもつ粒子であれば、これが原子内の電子と衝突した瞬間に、電子をはじき飛ばすことになり、特徴①がうまく説明できるというわけです。電子が原子内に束縛されているエネルギーを$\ell = h\nu_0$とすると、飛び出す電子のエネルギーは、

$$(h\nu - \ell) = h(\nu - \nu_0)$$

となって，特徴③もうまく説明できます。つまり、光のエネルギーが電子の束縛エネルギー$\ell = h\nu_0$ より小さいときは、どんなに光を強くしても、光電子を原子から引き出すことはできない、ということになります。反対に、たとえ光の強度は弱くても、電子の束縛エネルギーを超えるエネルギーの光を当てれば、電子は飛び出すのです。

こうして、光電効果の説明に成功したアインシュタインは、１９０５年、プランクの光量子仮説から「仮説」の二字をはぎ取り、光は自由に空間を飛び交うときも、$E=h\nu$ のエネルギーをもつ粒子としてふるまうという「光量子説」を提唱しました。

この１９０５年は「奇跡の年」として知られています。アインシュタインはこの年、「光量子説」のほか、「ブラウン運動の理論」「特殊相対性理論」に関連する重要な論文を立て続けに発表しました。

光の粒子性を裏づけたコンプトン散乱

とはいうものの、光量子説は、電磁理論を無視した大胆な発想であり、すぐには受け入れられませんでした。

一方、１９２３年、アメリカの物理学者Ａ・コンプトン（１８９２~１９６２）は、Ｘ線（エ

1-11 コンプトン散乱

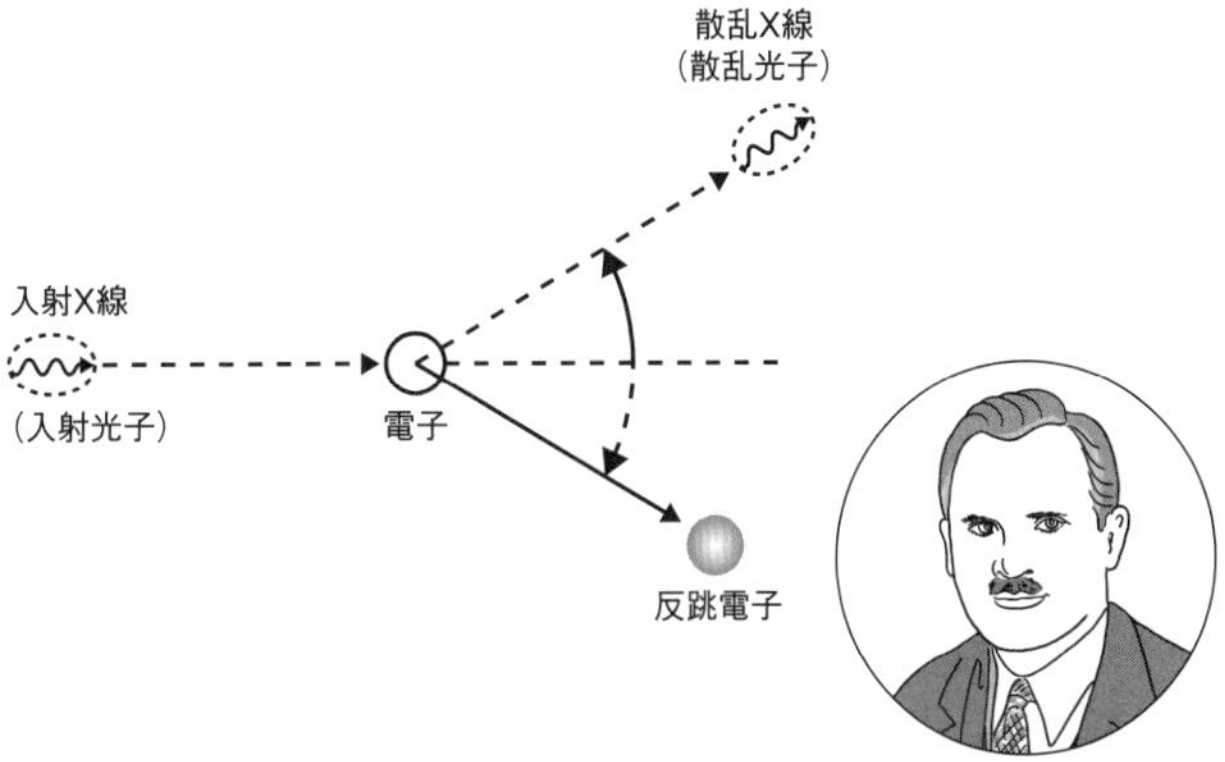

アーサー・コンプトン
（1892～1962）

ネルギーの高い電磁波）を原子に衝突させる有名な「コンプトン散乱」の実験を行いました（**図1－11**）。図を見ながら、そのしくみを説明しましょう。

まず、エネルギーEをもつX線を電子に当てます。衝突の後、エネルギーを失ったX線と、エネルギーを受け取った電子が飛び出します。この実験結果は、X線が、$E=h\nu$ のエネルギーをもつ粒子としてふるまい、物質中の電子との衝突で、エネルギーを失って出てくるとして説明されました（出てくるX線の周波数は低くなる）。アインシュタインのとなえた光量子説の正しさが、直接的に示されたわけです。この業績でコンプトンは、1927年、ノーベル物理学賞を受けました。それに先立つ１９２１年に、アインシュタインは光電効果の法則の発見によって、ノーベル物理学賞を受けています。

光量子の概念の成立によって、光には干渉や回折を起こす波動性とともに粒子性があることがわかりました。光は、その粒子性に注目したとき「光子（フォトン）」とよばれます。

ここで、これからの議論に必要になる粒子の運動量を調べておきましょう。一般に、質量mの粒子が速さvで運動するとき、この粒子の運動量pは$p = mv$で示すことができます。運動量が質量mに比例して大きくなるのは、重い物体ほど動かしにくいことを考えれば納得できるでしょう。また速度vが速いほど、運動の度合いが高いこともうなずけます。

物質も波である

光は、ある場合には波動として、ある場合には粒子としてふるまうという二重性をもっています。それならば、粒子と考えてきた電子も、波動性をもつのではないだろうか。フランスの物理学者ド・ブロイ（１８９２～１９８７）は、こう考えました。

もし電子が波動性を備えているなら、電子も波の特性である干渉や回折を起こすはずです。１９２４年、ド・ブロイは「量子論の研究」という論文の中でこの考えを展開し、電

子波の波長λ_eを与える「ド・ブロイの関係式」を示しました。電子の運動量を$p = mv$とすると、

$$\lambda_e = \frac{h}{p}$$

がみちびかれます（hは先出のプランク定数）。電子の運動が激しくなれば、運動量が大きくなり、電子の波は波長が短くなるというわけです。このことは電子波の振動数が大きくなることを意味しています。ド・ブロイはこれを「物質波」とよびました。物質を構成する電子が、波の性質をもつというのです。この考えは、アインシュタインらの支持を受け、その実験的な検証が期待されました。１９２９年、ド・ブロイは、「電子の波動性の発見」によってノーベル物理学賞を受賞しています。

電子も回折する

穴の開いたついたてを用意して、それに波を当ててみましょう。すると波は、穴を通り抜けてからも左右に広がっていきます。これは波の特徴である「回折」です。もし、ついたてに粒子としてのボールをぶつけたとしたら、穴を通り抜けたボールは、その後も経路を曲げることなく（穴の直径だけの広がりで）まっすぐに進んでいくはずです（穴の縁に

当たって経路を曲げることは考えない）。

電子の波動性を実証するためには、微小な電子を小さな穴に通さなければなりませんが、それを人工的につくることは困難です。そこで、実験には金属が使われます。金属は結晶をつくっており、電子が格子状に配列しています。つまり、金属結晶は、適当な方向から見れば隙間をもっていて、小さな穴と同じ働きをするというわけです。

1927年、ベル・テレフォン研究所のC・J・デビッソン（1881〜1958）とL・ガーマー（1896〜1971）は、金属のこの性質に注目して、電子の回折像を観測しようと試みました。そこで、多数の電子（電子ビーム）を金属箔に照射し、後ろに跳ね返っていく電子の分布を測定してみると、期待通り電子の回折パターンが検出されました。こうして彼らは、電子の波動性を観測する実証実験に成功したのです。

1937年、デビッソンとイギリスの物理学者G・P・トムソン（1892〜1975）は、結晶による電子線の回折現象の発見でノーベル物理学賞を受賞しました。

光と電子が示す波動性と粒子性という二重性は、ミクロの世界（原子の世界）には、目に見える現実の世界の常識を超える新規な現象があることを示唆《しさ》しています。それは古典物理学に真っ向から対立する革新的な理論を要求していました。

5　土星型原子模型の誕生

原子と分子の研究

光（電磁波）の研究が、量子論への道を切り開いてきたことがわかりました。ここで、19世紀中頃まで時間をさかのぼり、物質の構成要素としての原子研究の発展に目を向けてみましょう。

　これまでにみてきたように、遠い昔から人類は、物質の根源を求めて、さまざまな考えをめぐらせてきました。「古代原子論」をとなえたギリシャ時代のデモクリトス、その考えを一蹴《いっしゅう》したアリストテレス。そして、17世紀になると、ボイル、ラボアジエ、ドルトン、アボガドロらによって、化学的な手法を駆使した「近代原子論」が幕を開けました。

　近代原子論は、すべての物質が莫大な数の分子からなることを明らかにしました。アボガドロの法則によれば、同じ圧力・温度・体積のすべての気体には同じ数の分子が含まれます。後の研究によって、この分子数が決められましたが、たとえば水18グラム（1モル）中には、

1-12 原子と分子

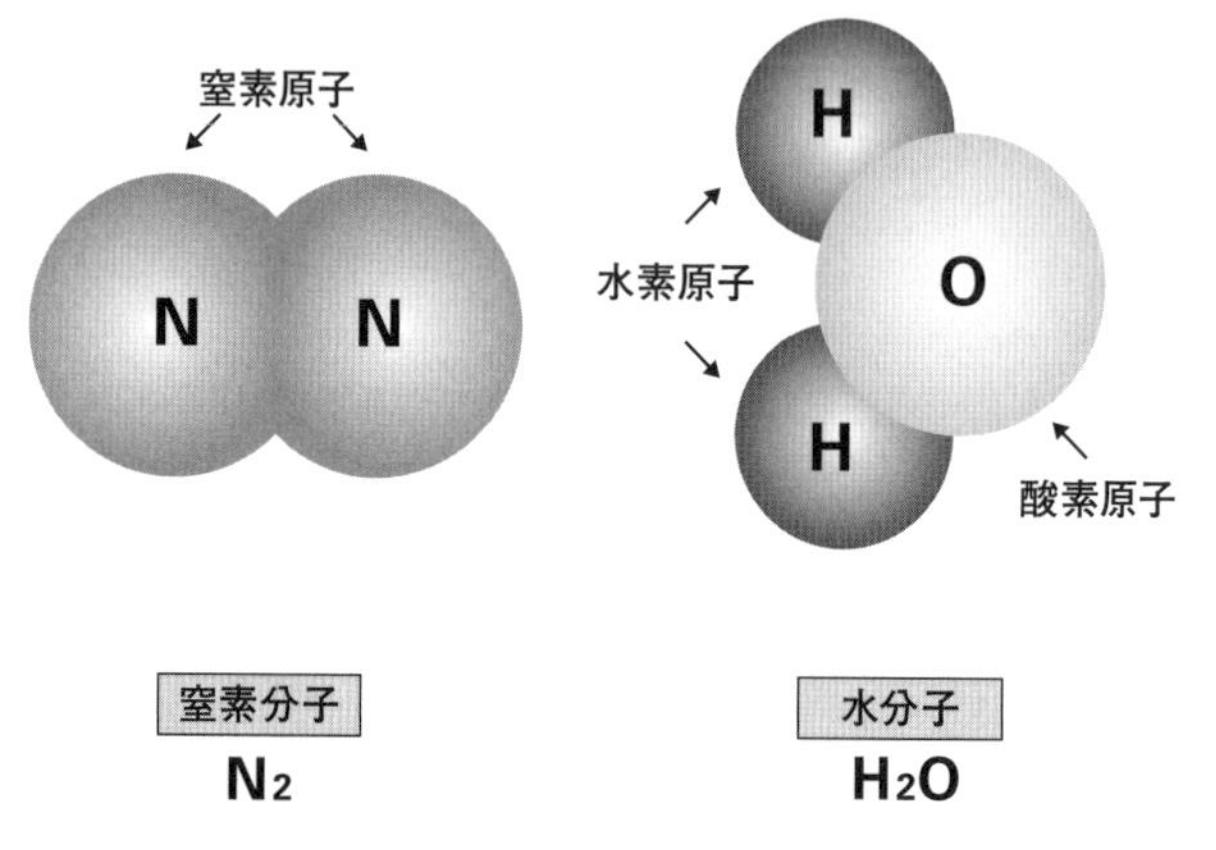

アボガドロ定数に相当する6×10^{23}個の水分子が含まれています。このことは、すべての分子に対して成り立ちます。

　分子は原子からなり、その原子は化学的な方法では分解できない最小の要素と考えられました。たとえば水分子は、酸素原子一つと水素原子二つ、窒素分子は窒素原子二つからなっています（**図1－12**）。原子の大きさはおよそ10億分の1メートル（10^{-10}m）という目安が得られました。

　こうして、それまでバラバラにしか説明できなかった現象が、統一的に理解できるようになりました。たとえば、氷（固体）や水（液体）は水分子が密集しているし、水蒸気（気体）では、同じ水分子が空間中を自由に飛び回っています。このような見方をすると、水がもつさまざま性質や熱現象などが、水分子の相互作用と運動力学によって説明できるのです。

電子の発見

さて、原子はこれ以上分解できない最小の要素であるというデモクリトス流の物質観は、思わぬところからほころびはじめます。

昔は、電気は流体の一種と考えられたこともありました。19世紀に入って、異なる溶液中に電気を通す実験が行われるようになり、電気と物質の相互作用がわかってきました。１８３１年、イギリスのＭ・ファラデー（１７９１〜１８６７）は、溶液中に電気を通すという電気分解の実験によって、電気にも最小単位があるという着想を発表しました。

１８５７年、ドイツの物理学者でガラス細工の技術者でもあったＨ・ガイスラー（１８１４〜１８７９）は、ガラス管に低い圧力のガスを封じ込め、その両端にプラスとマイナスの電極を設けて高い電圧をかけると、真空放電が起こることを発見しました。これを発見者の名前にちなんで「ガイスラー管」とよびます。ネオン管や蛍光灯も放電が起こって輝きますが、これと同じ原理です。

真空放電では、マイナス電極から何が放射されているのか、その正体の解明が多くの科学者の関心の的になりました（この放射物を陰極線《いんきょくせん》とよぶ）。管中に残っているガス（気体分子）の流れではないかという説（残留気体分子説）を主張する者、あるいは、粒子ではなく電磁波と同じ波動である、と考える科学者（ドイツの多くの物理学者）もいました。

この議論は、1897年、イギリスの物理学者、J・J・トムソン（1856〜1940）によって終止符が打たれることになります。彼は、放電管とガス室をもつ装置をつくり、いろいろな種類のガスを封入し、ポンプで減圧して放電を起こさせました（**図1－13**）。その際、放電管の左右に磁石のN極とS極をおいて、陰極線の曲がり具合を観測しました。

よく知られているように、磁場中に帯電《たいでん》した粒子（電子や陽子など電荷をもつ粒子）を導入すると、粒子の軌道が曲げられます。磁場が紙面と垂直にかけられており、そこにマイナス電荷の粒子（たとえば電子）を導入すると、その軌道は下向きに曲げられます。プラス電荷の粒子は曲がる方向が逆で、また、帯電の度合いによって曲がり方が異なります。

トムソンは、三種のガス（空気、炭酸ガス、水素ガス）を封入して実験をしましたが、いずれも陰極線の曲がり具合は同じでした。もし、陰極線が残留ガスであれば、3種の異なるガスが、同じ曲がり方をするはずがありません。つまり、「残留気体分子説」は否定

1-13 J.J.トムソンの実験

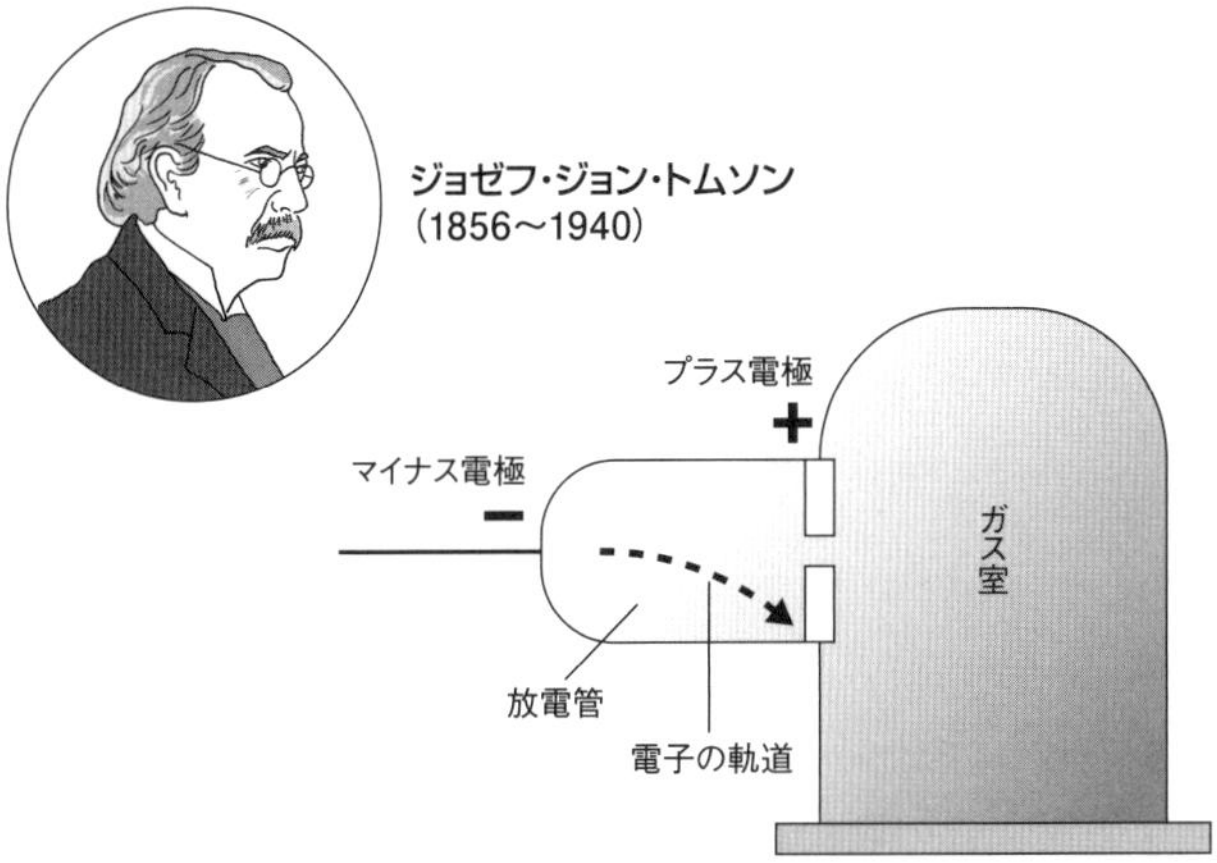

されたのです。さらに、磁場をかけたとき陰極線の進路が曲がることから、電磁波説（波動説）の間違いも実証されました（電磁波は電気を帯びていないので、磁場中を直進する）。

　これらの実験結果からトムソンは、陰極線の正体は、原子よりもっと小さな帯電粒子の流れであると考えました。1899年、彼は、帯電粒子の質量が水素原子の約1000分の1であることを突き止めました。原子や分子より小さな微粒子「電子」が発見されたのです。こうして、原子が「それ以上分割できない究極の粒」という古代ギリシャ以来の物質観は、根底からくつがえされることになりました。

原子構造の新しいイメージ

　トムソンは、すべての原子がこの電子からつくられていて、その結果、原子が示す化学的性質は、原子内の電子の数とその配置によって決まると考えました。こうして彼は原子構造論に進み、１９０３～１９０４年には「プラム・プディングモデル」を提案しました。これは原子を小さなフルーツの入ったプリンにたとえたもので、広がったプリンはプラスの電荷を帯び、その中にマイナスの電荷を帯びた電子がちりばめられている、というアイデアです。

　１８８４年、トムソンは、キャベンディッシュ研究所の教授の座につきました。この研究所は、ケンブリッジ大学に所属する物理学研究所で、２００６年までに29人のノーベル賞受賞者を輩出しています（トムソンは１９０６年ノーベル物理学賞を受賞）。19世紀末から20世紀初めにかけて、世界中からトムソンの下に若い研究者が集まり、原子物理学の研究が隆盛をきわめました。

　原子構造についての新しい発想が芽生えはじめたころ、日本の物理学者、長岡半太郎（１８６５～１９５０）は、１８９３年から１８９６年にかけてドイツに留学し、当時の一

1-14 長岡半太郎の原子模型

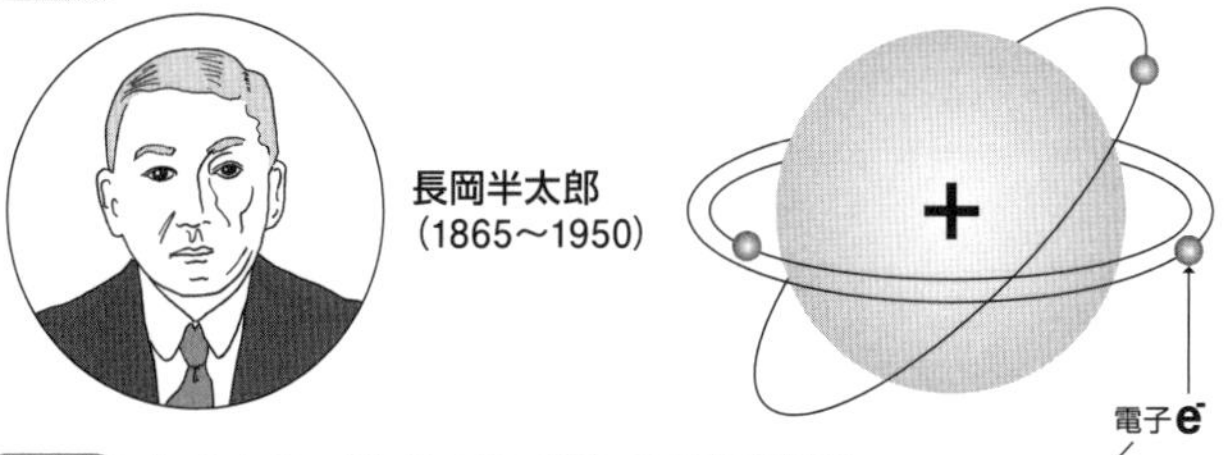

1-15 トムソン（ケルビン卿）の原子模型

流の物理学者、ヘルムホルツ、プランク、ボルツマンらに学びました。とくに、ボルツマンの原子論から大きな影響を受け、1903年、国際的にも著名な、独自の原子構造をもつ、いわゆる「土星型原子模型」を提唱しました（図1－14）。

この模型によれば、原子の中心にはプラスの電気を帯びた大きな固まり（以下、陽電荷球とよぶ）があって、そのまわりにはマイナスの電気をもつ多数の電子がリング状に回転しています。土星とそのまわりのリングという構造を想像してみてください。極微の世界の電気的な構造が、宇宙の惑星系の構造からヒントを得て考え出されたというわけです。

1-16 原子核の発見

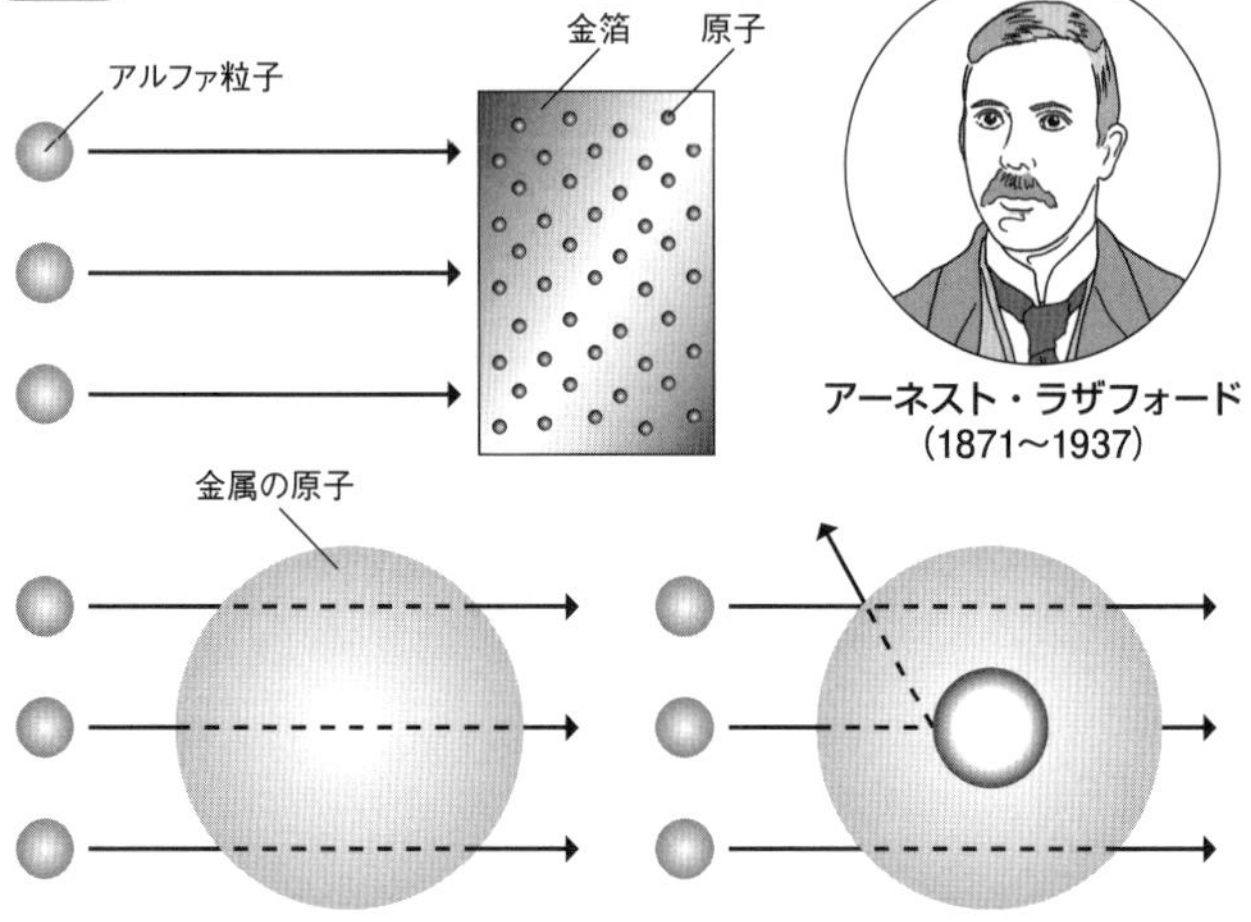

他方、イギリスの物理学者、W・トムソン（通称ケルビン卿、1824〜1907）によれば、陽電荷球は雲のようなもので、電子は自由にその雲の中を運動することができました（図1－15）。このように、2人の考え方には、大きな違いがありました。

1911年、ニュージーランドの物理学者E・ラザフォード（1871〜1937）は、放射線の一種アルファ粒子（ヘリウムの原子核で、陽子2個と中性子2個からなる）を金箔に当てて、その散乱を測る実験を行いました（図1－16）。このとき用いたエネルギーの大きなアルファ粒子は、天然ラジウム元素の放射線崩壊によって発生させたものでした。もし、金の原子が、スイカのようにぶよぶよのものであれば、アルファ粒子は、そのまま真っすぐに通り抜けてしまうはずです。これは、スイカをピストルで撃つことを想像してみれば納得できます。

原子はデモクリトスのアトムか

ところが驚くべきことに、散乱したアルファ粒子の中に、大きく角度を曲げて飛び出してくる粒子が観測されたのです。これは明らかに、金原子の内部に、電気力の中心になる重い芯があることを示しています。陽電荷球は、雲のようなふわふわしたものではなく重いかたまりで、アルファ粒子は、それに当たってカチンと大角度に跳ね返ったのです（スイカの中に重い金属球があることを想像してみてください）。こうして、長岡半太郎の「土星型原子模型」が正しいことが実証されました。

１９１１年、ラザフォードは、これら一連の実験事実から、原子の中心には原子核が存在し、アルファ粒子が散乱されたときの軌道は、彗星の軌道と同じように双曲線になるという散乱理論を打ち立てました。このようなラザフォードの発想は、のちにボーアの原子構造論へ受け継がれ、原子の世界で成り立つ新しい力学「量子力学」が誕生するきっかけとなりました。

古代原子論から近代原子論へと発展してきた原子の研究は、J・J・トムソンの電子の発見に続くラザフォードの原子核の発見によって、変更を余儀なくさせられました。原子は、中心に正電荷を帯びた重い小さな原子核があり、そのまわりを負電荷の電子が回転する、という構造をもっているのです。

２４００年前、ギリシャのデモクリトスによれば、原子は「分割不可能な物質のもと」でした。それはいったん、アリストテレスの4元素説によって影をひそめますが、18世紀のアボガドロによって物質のもととしての33個の元素が提案されました。しかしその後の物理研究は、物質の基本と考えられてきた原子にも、原子核とそのまわりを回る電子という構造があることを明らかにしました。原子はデモクリトスのアトムではなかったのです。

こうして、原子を物質の究極の要素とする２０００年来の考えは打ち破られ、自然界の物質は無限の階層的な構造をもつという現代の物質観が芽生えることになりました。

第2章

天才たちが築いた量子力学

1　原子の構造を探究する

豊穣な新天地

19世紀の終わりから20世紀初頭、物理学者たちは、目で見ることができないミクロの世界に光を当て、そこにひそむ新しい法則を次々に明るみに出していきました。彼らは知的好奇心にかられつつ、豊穣な新天地に向けて歩を進め、原子がけっして分割不可能なデモクリトスのアトムではないことを明らかにしました。原子の中心に小さく固い原子核があり、そのまわりを負電荷の電子が回転しているのです。次の課題は，このような原子構造と、原子についての新しい実験事実を説明できる包括的な理論を構築することでした。

そこで、一番単純な原子、水素原子を考えながら、ミクロの世界にひそむ問題を調べることにしましょう。

水素原子では、原子核は陽子1個で、そのまわりを1個の電子が回転しています。電子と陽子は、負と正という反対符号の電荷をもつので、たがいに電気的な力（クーロン力）

で引き合っています。であれば、電子と陽子はくっついてしまうのではないかと心配になるかもしれませんが、心配ご無用。多くの人は、遊園地にあるメリーゴーランドに乗ったとき体が外側に引っ張られることを体験しているでしょう。自動車が急に曲がるときにも、体が外側に傾きます。この力が回転する物体に働く外向きの力「遠心力」であり、原子内の電子にも働いています（図２－１）。こうして、外向きの遠心力と内向きの電磁力（クーロンの引力）がちょうどつりあったとき、電子はその軌道上を回転します。これが原子の安定な状態で、定常《ていじょう》状態とよびます。

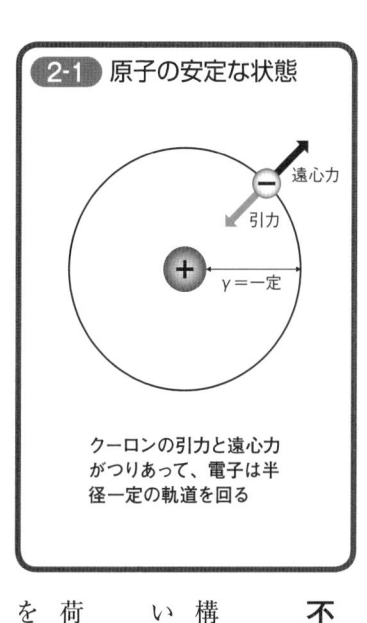

2-1 原子の安定な状態

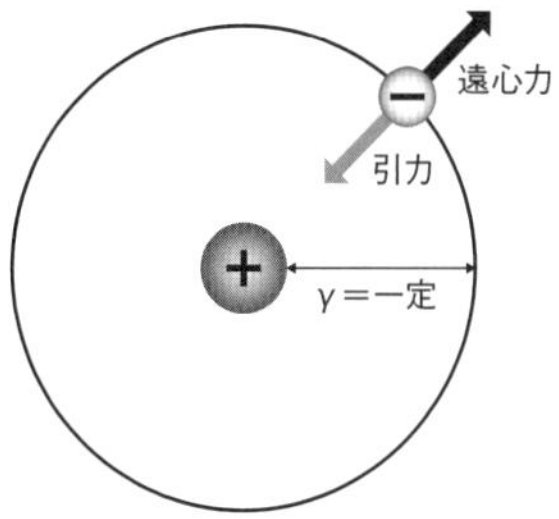

クーロンの引力と遠心力がつりあって、電子は半径一定の軌道を回る

不連続な線スペクトル

しかし、何の変哲もなさそうなこの原子構造に、もう一つの大きな困難がひそんでいます。

古典電磁気学によれば、電子のように電荷をもつ粒子（荷電粒子）は、運動の方向を変えるとき、軌道の接線方向に光（電磁

②原子が光を出すのは、一つの定常状態から別の（よりエネルギーの小さい）定常状態へ移る（遷移《せんい》という）ときである。

電子はとびとびの軌道を回る

原子のエネルギーとは、軌道電子がもつエネルギーであり、それは電子の軌道半径にしたがって決まった大きさの値をもっています。ボーアの仮説①によれば、定常状態の電子は光を出してエネルギーを失うことなく回転を続けます。

仮説①の意味を、物質波の立場から考えてみましょう。

第1章の4でのべたように、電子は粒子であるとともに波でもあります。物質波は電子の軌道上を振動しながら伝わっていきます。物質波が軌道をひとまわりしたあと、波にずれがない場合には定常波が生じますが、それは波長の整数倍が円周に相当するときに限ります。

定常波であれば波はエネルギーを失うことなく連続して進行しますが、そうでなければ一回転するたびに波は少しずつずれて、たがいに打ち消しあってエネルギーを失うことになります。つまり、電子の安定な軌道（定常状態）は、定常波をつくる波長だけが許されるのです（図2-2）。このとき、波長は連続的に変わるのではなく、とびとびの値しか許されません。ボーアの仮説は、原子のしくみを正しくとらえているようです。

そこで、一番軽い水素原子を例にとって、原子構造の詳細を見ていくことにしましょう。

原子などのミクロの対象を量子論で扱うとき、その状態を特徴づける一連の不連続な量がありますが、それを量子数とよびます。ボーアの仮説①にしたがって、原子核に近い電子軌道から順に番号n＝1、2、3……を与え、nを主量子数とよびます。量子数は、ふつう整数（1、2、3……）または半整数（$\frac{1}{2}$、$\frac{3}{2}$、$\frac{5}{2}$……）をとります。

ここで、波としての電子を考えてみましょう。安定な定常状態とは、電子の波（物質波）が減衰《げんすい》することなく存在できることをいいます。それは軌道上を1回転してきた波が、はじめの波に滑らかにつながるときに実現します。すなわち、電子のド・ブロイ波長λの整数倍（n倍）が軌道の長さになっているとき、

$$n\lambda = 2\pi r$$（rは電子軌道の半径）

が定常状態を求めるための量子条件です。ボーアは、この関係を用いて水素原子（定常状態）のエネルギーを求めましたが、それは実験をみごとに再現しました。

2-2 ボーアの原子モデル

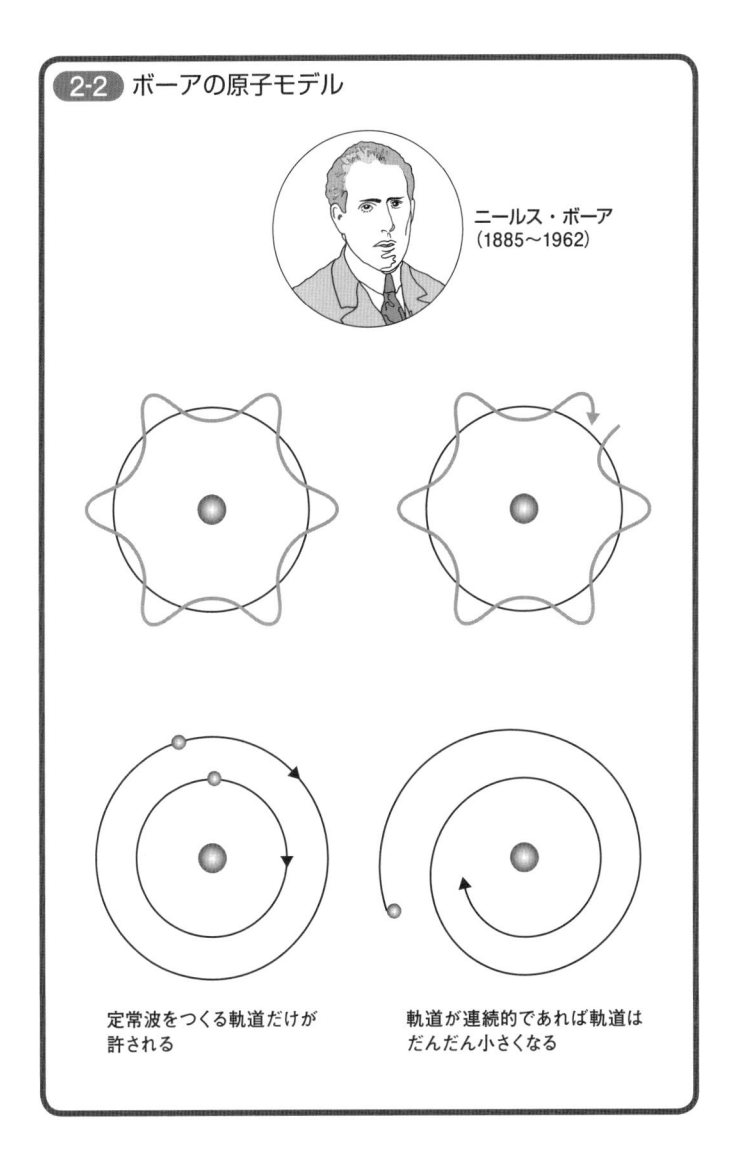

ニールス・ボーア
(1885～1962)

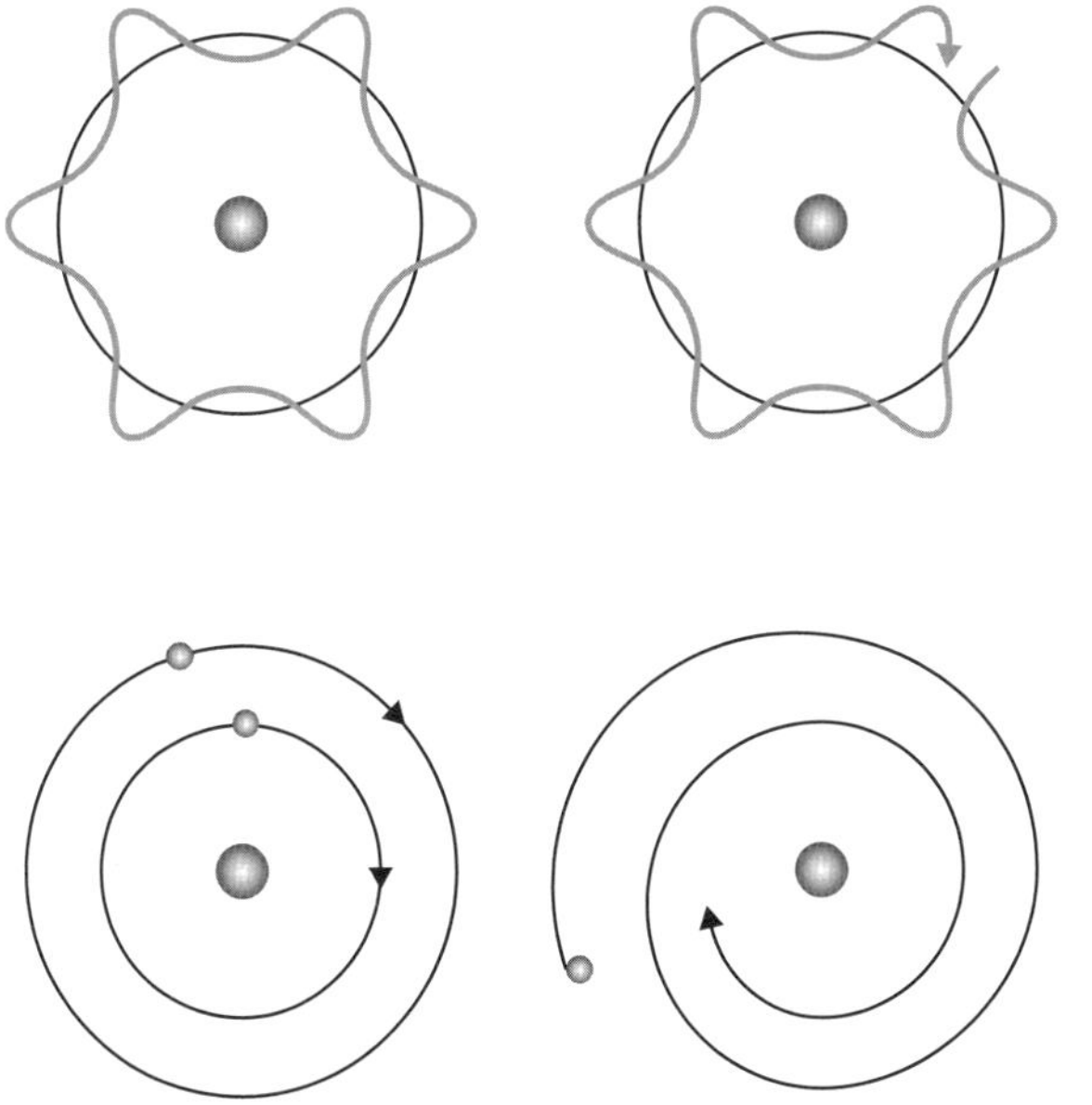

定常波をつくる軌道だけが
許される

軌道が連続的であれば軌道は
だんだん小さくなる

原子は「量子化」されている

詳しい計算は省きますが、水素原子のエネルギー（電子の軌道半径）は、主量子数に依存します。その主量子数が整数値（$n=1$、2、3……）であれば、水素原子のエネルギーもとびとびの値しかとれないことになります。

ここで、ボーアの仮説②にしたがって、原子から放出される光のエネルギーを考えてみましょう。定常状態$n=2$にある電子はエネルギーE_2をもち、エネルギーの低い定常状態$n=1$の電子のエネルギーをE_1とします。ここで電子が、$n=2$から$n=1$に遷移したとすると、二つの状態間にエネルギーの差、E_2-E_1が生じ、それが光によって、原子の外に運び出されることになります。つまり光のエネルギーは、

$$h\nu = E_2 - E_1$$

となるわけです。これ以外の電子の遷移、たとえば$n=3 \rightarrow n=2$、$n=3 \rightarrow n=1$においても、決まったエネルギーの光が放出されます。

反対に、これらのエネルギーをもつ光を照射すると、原子はその光を吸収します。つまり、電子は$n=1 \rightarrow n=2$、$n=2 \rightarrow n=3$のように軌道を変えながら、光のエネルギ

2-3 水素原子から発生する光のスペクトル

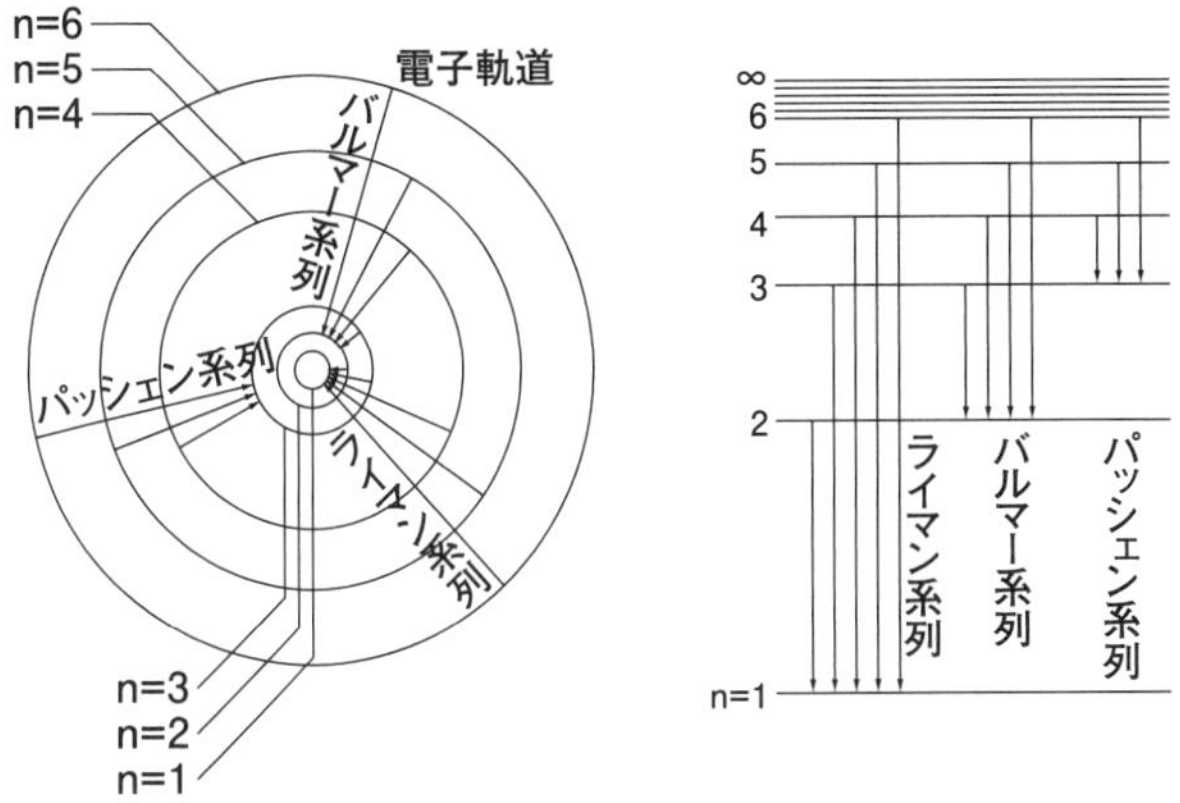

ーを吸収するのです。

図２－３は水素原子から発生する光のスペクトルを示しています。外側の電子軌道（n＝2、3、4……）からn＝1に遷移するとき発生する光をライマン系列とよびます。同様に、n＝2の電子軌道への遷移、n＝3への遷移を、それぞれバルマー系列、パッシェン系列とよびます。

ボーアの二つの仮説によって、原子にはいくつもの定常状態があること、その間を電子が遷移することによって、線スペクトルが発生することが理解できたと思います。この考え方を進めると、水素原子の定常状態や線スペクトルを定量的に計算できますが、それは実験結果とみごとに一致しました。

古典物理学では連続的な値になりうる**物理量**（たとえばエネルギー）が、ボーア理論にみられるように、不連続な特定の値しかとることができなくなることを、その量が「量子化」されるといいます。

プランクが光の量子化を提唱してから十数年を経て、ボーアは量子化の概念を用いて原子の構造を説明することに成功しました。

物理量
質量、長さ、体積など、物体や物質の性質を表す客観的に測定できる量。

2　原子の奇妙な性質

すきまだらけの原子

原子の定常状態のエネルギーが不連続になることは、マクロの世界の運動法則（ニュートン力学）では理解できません。マクロの世界では、たとえば人工衛星が地球を離れるとき、人工衛星の軌道半径は、加速エネルギーとともに連続的に大きくなります。原子の場合、電子は常に、n＝1とn＝2など、整数の量子数をもつ定常状態に存在します。たとえばn＝1・3など、nが非整数のエネルギー状態は許されません。

ボーアの原子模型にしたがって、原子の基礎知識を整理しておきましょう。まずはじめに、一番簡単な水素原子の大まかな構造を見てみます。

水素原子の大きさとは、電子軌道の広がりを指します。ボーア模型を使うと、n＝1の電子軌道の半径は、約0.5×10^{-10} mと求められます。これを「ボーア半径」とよびます。水素の原子核、陽子の大きさは、ボーア半径の約10万分の1にすぎないのです。

仮に、水素原子の原子核（陽子）を半径１メートルのボールとして、東京駅においてみると、電子はその１００キロメートル先、すなわち、熱海、高崎、水戸あたりを回転することになります。原子の中は、すきまだらけなのです。

こんなにすきまのある原子ではありますが、原子が集まってできた物質（とくに固体）の多くは不透明で、すきまなどどこにもないように見えます。どうしてでしょう？

そこで、原子に関する基本的な知識を整理しつつ、物質が莫大な数の原子・分子の集まりであることを説明しましょう。たびたびのべているように、原子は原子核とそのまわりを回る電子（エレクトロン）からなっています。そして、原子核は正電荷をもつ陽子（プロトン）と電荷ゼロの中性子（ニュートロン）からできています。中性子は、陽子とほぼ同じ質量をもつ粒子で、１９３２年、イギリスの物理学者Ｊ・チャドウィック（１８９１～１９７４）によって発見されました。彼はこの功績により１９３５年にノーベル物理学賞を受けました。

電気をもたない（電荷ゼロの）通常の原子では、陽子の数と電子の数は同じです。陽子の個数を「原子番号Ｚ」とよび、元素の周期律表には原子番号の順番に元素が並んでいます（図２-４）。

2-4 元素の周期律表

	1	2	3	4	5	6	7	8	9	10	11	12	13	14	15	16	17	18
1	1 H 水素																	2 He ヘリウム
2	3 Li リチウム	4 Be ベリリウム											5 B ホウ素	6 C 炭素	7 N 窒素	8 O 酸素	9 F フッ素	10 Ne ネオン
3	11 Na ナトリウム	12 Mg マグネシウム											13 Al アルミニウム	14 Si ケイ素	15 P リン	16 S 硫黄	17 Cl 塩素	18 Ar アルゴン
4	19 K カリウム	20 Ca カルシウム	21 Se スカンジウム	22 Ti チタン	23 V バナジウム	24 Cr クロム	25 Mn マンガン	26 Fe 鉄	27 Co コバルト	28 Ni ニッケル	29 Cu 銅	30 Zn 亜鉛	31 Ga ガリウム	32 Ge ゲルマニウム	33 As ヒ素	34 Se セレン	35 Br 臭素	36 Kr クリプトン
5	37 Rb ルビジウム	38 Sr ストロンチウム	39 Y イットリウム	40 Zr ジルコニウム	41 Nb ニオブ	42 Mo モリブデン	43 Tc テクネチウム	44 Ru ルテニウム	45 Rh ロジウム	46 Pd パラジウム	47 Ag 銀	48 Cd カドミウム	49 In インジウム	50 Sn スズ	51 Sb アンチモン	52 Te テルル	53 I ヨウ素	54 Xe キセノン
6	55 Cs セシウム	56 Ba バリウム	L ランタノイド	72 Hf ハフニウム	73 Ta タンタル	74 W タングステン	75 Re レニウム	76 Os オスミウム	77 Ir イリジウム	78 Pt 白金	79 Au 金	80 Hg 水銀	81 Tl タリウム	82 Pb 鉛	83 Bi ビスマス	84 Po ポロニウム	85 At アスタチン	86 Rn ラドン
7	87 Fr フランシウム	88 Ra ラジウム	A アクチノイド	104 Rf ラザフォージウム	105 Db ドブニウム	106 Sg シーボルギウム	107 Bh ボーリウム	108 Hs ハッシウム	109 Mt マイトネリウム	110 Ds ダルムスタチウム	111 Uuu ウンウンウニウム	112 Uub ウンウンビウム	113 Uut ウンウントリウム	114 Uuq ウンウンクアジウム	115 Uup ウンウンペンチウム	116 Uuh ウンウンヘキシウム	117 Uus ウンウンセプチウム	118 Uuo ウンウンオクチウム
	アルカリ金属	アルカリ土類金属	希土類	チタン族	土類金属	クロム族	マンガン族	鉄族・白金族			銅族	亜鉛族	アルミニウム族	炭素族	窒素族	酸素族	ハロゲン	不活性ガス
	L ランタノイド		57 La ランタン	58 Ce セリウム	59 Pr プラセオジウム	60 Nd ネオジム	61 Pm プロメチウム	62 Sm サマリウム	63 Eu ユーロピウム	64 Gd ガドリニウム	65 Tb テルビウム	66 Dy ジスプロシウム	67 Ho ホルミウム	68 Er エルビウム	69 Tm ツリウム	70 Yb イッテルビウム	71 Lu ルテチウム	
	A アクチノイド		89 Ac アクチニウム	90 Th トリウム	91 Pa プロトアクチニウム	92 U ウラン	93 Np ネプツニウム	94 Pu プルトニウム	95 Am アメリシウム	96 Cm キュリウム	97 Bk バークリウム	98 Cf カリホルニウム	99 Es アインスタイニウム	100 Fm フェルミウム	101 Md メンデレビウム	102 No ノーベリウム	103 Lr ローレンシウム	

「原子番号」は陽子の数

周期律表を見ながら、原子番号の順に、はじめのいくつかの軽い原子を示しましょう。

原子番号　１：水素（H）　２：ヘリウム（He）　３：リチウム（Li）
　　　　　４：ベリリウム（Be）　５：ホウ素（B）　６：炭素（C）
　　　　　７：窒素（N）　８：酸素：（O）

これらの原子は、原子番号に等しい陽子と電子をもっています。中性子の個数は陽子の数とほぼ同じですが、大きな原子では、陽子の数より増えます。

同じ水素原子でも中性子の数によって、水素、重水素、３重水素の３種類があり、それぞれ、中性子は０個、１個、２個です。これらを同位体（アイソトープ）とよびます。重水素の割合は０・０１５％で、９９・９８５％はふつうの水素です（これを軽水素とよんで区別することもあります）。ほとんどの原子には同位体があります。軽い原子では、同位体を除けば、陽子、中性子、電子の個数は同じです。

重い元素の代表として、鉛（Pb）をみてみましょう。原子番号（陽子の数）は82ですが、安定な同位元素は、中性子が１２４個（^{206}Pb）、１２５個（^{207}Pb）、１２６個（^{208}Pb）の

3種があり、その比率は順に、24・1％、22・1％、52・4％となっています。これらを加えても98・6％で、100％にはなりません。残りの1・4％は不安定な鉛の同位元素です。これからもわかるように、重い原子では、陽子に比べて中性子の数が大きいのです。

原子と元素の違い

原子と元素の違いを頭に入れておきましょう。

原子（アトム）とは、これまでのべてきたように、原子核と電子という構造をもち、原子番号（陽子の個数）で区別される物質の基本的な構成要素をいいます。原子番号1番の水素から、92番のウランまでが天然に産出する原子です。これに対して元素（エレメント）は、化学的に一定の性質をもつ物質（それは原子からなる）の種類を意味します。元素の種類もまた、原子番号の数だけあります。

すでにみてきたように、かつて近代原子論では、元素は純粋な物質を構成する原子の集団（物質種）と考えられていました。ラボアジエの『化学原論』に表れる33種の元素も、そのような考えに基づいていました。しかし、原子が電子と原子核（陽子と中性子の集団）からなることがわかり、元素も原子も、もはや物質の基本的な要素ではありえないことが判明しました。

たとえば酸素原子といえば、8個の陽子と8個の中性子が固く小さな原子核をつくっていて、そのまわりを8個の電子が回転している、という構造（の原子）を意味します。他方、酸素の元素といえば、物質の種類としての酸素原子の集合体を指します。

物質の構成要素は分子であり、多くの分子が集まって物質をつくっています。分子は何個かの原子が固く結合したもので、たとえば酸素分子O_2は、2個の酸素原子Oからなっています（2原子分子とよびます）。また、水分子H_2Oは、水素原子2個と酸素原子1個で構成されています。ヘリウムやアルゴンなどのように希ガスとよばれる元素は、原子そのものが分子でもあります（単原子分子とよびます）。

原子の質量を表す方法

原子核は陽子と中性子から構成されているので、結局、物質は3種の素粒子「電子、陽子、中性子」によってできている、ということになります。つまり、物質の質量もほぼこれら3種の素粒子の質量の和になります。素粒子の質量については後述するので、ここでは、陽子の質量が電子の質量の1840倍で、中性子は陽子よりわずかに重い（0.14%）

波）を放出してエネルギーを失います。それならば、原子核のまわりを回転する電子は、絶えず運動の方向を変えるわけですから、光を放出し続けてエネルギーを失い、短時間のうちに原子核に吸い込まれてしまうことになりはしないでしょうか。

なぜ、原子は安定なのか？　なぜ、電子は光を出して消えてしまわないのか？

光がどんなエネルギー（周波数）をもっているかを示すのが光のスペクトルです。光のエネルギーが連続的に変わる場合を「連続スペクトル」、とびとびの値をもつものを「線スペクトル」とよびます。たとえば、可視光線は、「赤、橙《だいだい》、黄、緑、青、藍、紫」という連続した7色からなっています（虹の7色を思い出してみてください）。赤色の光から紫色の光へと、可視光のエネルギーは連続的に大きくなっていきます。これに対して、原子が発する光は不連続な線スペクトルで、特定の原子は，決まったエネルギーをもつ光を放射します。

このような原子の特異な性質を理解するために、デンマークの物理学者N・ボーア（1885〜1962）は、原子構造について次のような新しい仮説を提唱しました。

①原子から放射される光が、とびとびの決まったエネルギーをもつとしたら、もとの原子のエネルギー状態もまた、とびとびの一定値をもつはず。これが先にのべた定常状態。

ことをおぼえておいてください。つまり、原子の質量（すなわち物質の質量）は、ほとんど陽子と中性子の質量で決まるのです。

陽子と中性子の数を合わせたものを「質量数」とよび、Ａで表します。質量数は元素記号の左肩に記されます。たとえば、陽子６個と中性子６個をもつ炭素の質量数は12で、これを$^{12}\mathrm{C}$のように表します。炭素の同位体には、中性子の数が２個から16個まで15種類あります（$^{8}\mathrm{C}$、$^{9}\mathrm{C}$、$^{10}\mathrm{C}$、$^{11}\mathrm{C}$、$^{12}\mathrm{C}$、$^{13}\mathrm{C}$、$^{14}\mathrm{C}$、$^{15}\mathrm{C}$、$^{16}\mathrm{C}$、$^{17}\mathrm{C}$、$^{18}\mathrm{C}$、$^{19}\mathrm{C}$、$^{20}\mathrm{C}$、$^{21}\mathrm{C}$、$^{22}\mathrm{C}$）。この中で、$^{12}\mathrm{C}$の存在比は約９８・９％と、大半を占めています。

原子や分子の質量は非常に小さいので、扱うことが困難です。たとえば水素原子の質量は、約１兆分の１グラムの、さらに１兆分の１しかありません。そこで、特定の原子の質量を基準にして、他の原子の質量がその何倍かという比を使うと便利です。今日では、決められた量の$^{12}\mathrm{C}$（炭素12）の質量を12グラムと決め、それを基準にして他の原子の質量を求めています。これが「原子量」です。原子番号（陽子の数）、質量数（陽子と中性子の数の和）を調べながら、私たちは原子量という概念に到達しました。

質量数12（質量が12グラム）の炭素原子（$^{12}\mathrm{C}$）の量を、１モルといいます。質量数12の炭素原子の原子量を12（質量は12グラム）と決めたのですから、質量数１あたり１グラムとなって、簡単に他の原子１モルの原子量を算出することができます。たとえば、水素原子（^{1}H）１モルは１グラム、窒素原子（^{14}N）は14グラム、酸素原子（^{16}O）は16グラムということになります。

アボガドロ数が示す驚異の微小世界

もしみなさんの手元に化学の本があったら、開いて炭素の原子量を調べてみてください。そこには、12ではなく、１２・０１１と書いてあることを発見するはずです。よく見ると、他の原子の原子量も、質量数（整数）と微妙にずれています。水素：１・００７９、窒素：１４・００６７、酸素：１５・９９９４、というように。

炭素12の原子量を12と決めた（定義した）のに、おかしいではないか、と憤慨するかもしれません。しかし、「炭素12の原子量」と「炭素の原子量」という二つの表現には微妙な違いがあることを見落とさないでください。

「炭素12（^{12}C）の原子量」といえば、陽子６個と中性子６個をもち、その原子量は正確に１２・００００となります。しかし、「炭素の原子量」というときは、この炭素は自然界に安定に存在するもので、^{12}C以外に、炭素の安定な同位元素^{13}C（陽子６個と中性子７個）が１・

1％混じっています。この同位体を考慮すると、炭素の原子量は12よりわずかに大きくなるのです。

炭素12を12グラムと決めたとき、原子の個数は6×10^{23}個であることがわかっています。この数値をアボガドロ数とよび、それに対応する物質量を1モルといいます。すべての原子1モルには、アボガドロ数だけの原子が含まれています。

アボガドロ数は、1兆の6000万倍という気が遠くなるような数。これをそのつど書くのも、0の数を数えるのもたいへんです。そこで、

$$6000\ 0000\ 0000\ 0000\ 0000\ 0000=6\times10^{23}$$

という便利な記法を用います。10^{23}は10を繰り返し23回掛け合わせることで、このような操作を冪乗《べきじょう》または累乗《るいじょう》といいます。

私は、昔アボガドロ数に出合ったとき、「2×3が6」と記憶しました。おかげで、年をとっても忘れることはありません。

分子量とは、その分子をつくっている原子の原子量の和をいいます。たとえば、水分子（H_2O）は水素原子2個と酸素原子1個からなっていますから、水素2原子で2グラム、酸素1原子で16グラムを加えて、1モルは18グラムとなります。これは、液体であれば、

おぼえておきたい物理学の数字

原子番号	陽子の数
質量数	陽子と中性子の数の和。元素記号の左肩に記される
原子量	^{12}C（炭素12）の質量を12gと決め、それを基準にして決めた原子の質量。質量数1あたり1g
1モル	質量数12（質量が12グラム）の炭素原子（^{12}C）の量。質量数1あたり1g
分子量	その分子をつくっている原子の原子量の和

おちょこ1杯ほどの量にすぎません。そこに、このような莫大な数の水分子が含まれているのです！

前に、「原子はすきまだらけ」といいましたが、物質中には気が遠くなるほど多くの数の原子が閉じ込められていて、重なり合っています。その結果、物質は固かったり、不透明であったりするわけです。

物質は分子の集合体であり、分子はいくつかの原子からできています。炭素や金属は原子が直接つながって結晶になっているので、分子は原子そのものと考えることができます。空気の成分、窒素分子N_2や酸素分子O_2は「2原子分子」といって、2個の原子が結合して分子をつくっています。1

モルあたりの分子量は、アボガドロ数6×10^{23}に相当する分子の質量を表すので、窒素分子28、酸素分子32となります（同位体は無視している）。言葉をかえれば、分子量にグラムをつければ、それがその物質1モルの質量になる、ということです（たとえば、分子量28の窒素分子の質量は28グラム、分子量32の酸素分子の質量は32グラム）。

気体分子1モルの体積は、1気圧、摂氏0度のとき22・4リットルで、1升ビン（1・8リットル）約12本の体積に相当します。

原子番号、原子量、質量数、分子量など、原子物理学の用語がいくつも出てきましたが、その意味をしっかり理解しておきましょう。

3　量子力学の成立

ミクロの世界の常識を超えた特性を理解するための、量子論の発展をまとめておきましょう。

古典力学では説明できないミクロの現象

すでにのべたように、1900年、プランクは光を粒子と仮定し、n個の光量子がもつエネルギーを$E=nh\nu$とする「光量子仮説」を提唱しました。1905年、アインシュタインは、プランクのアイデアを光電効果にあてはめ、光の粒子性を説明しました。さらに1923年、コンプトンは、X線と電子の衝突「コンプトン散乱」によって、光の粒子性を直接確認し、光が運動量をもつことを実証しました。

波動（電磁波）と考えられていた光が粒子性をもつならば、電子などの粒子が波動性をもったとしても不思議ではありません。こう考えたド・ブロイ（1892～1987）は、1923年ごろ、粒子が波動性をもつこと、すなわち物質波の存在を提唱しました。そして、このことは、電子が干渉や回折という波動に特有の性質をもつことから実証されました。

ミクロの現象が発見される19世紀中ごろまで、マクロの世界の運動はニュートンの古典力学で、また、電磁現象はマクスウエルの古典電磁気学で記述することができました。これと同じように、ミクロの世界に固有な諸現象を理解するために、包括的な新しい理論が必要になりました。

シュレディンガーの波動方程式

オーストリアの物理学者、E・シュレディンガー（1887～1961）は、ド・ブロイの物質波の考え方の中に、新しい原子構造論を建設するヒントを見出しました。ここでもう一度、物質波との関係を整理しておきましょう。

光の振動数をν、波長をλ、光速をcとすると、$c = \nu\lambda$ が成り立ちます。光を粒子（光子《こうし》）と考えると、光子は、$E = h\nu$ のエネルギー（hはプランク定数、νは振動数）と、

$$p = \frac{E}{c} = \frac{h\nu}{c} = \frac{h\nu}{\nu\lambda} = \frac{h}{\lambda}$$

の運動量をもっています。ド・ブロイによれば、電子、陽子、中性子などの物質粒子は、光の場合の光子（光の粒）に相当しますから、光子に光波（電磁波）が伴うように、物質

粒子も波の性質をもつはずです。物質波の波長はド・ブロイ波長と呼ばれ、

$$\lambda = \frac{c}{v} = \frac{h}{p}$$

で与えられます。

電磁波は電場と磁場が振動する波ですが、物質波は電磁波とは違って、粒子と波動の二重性というミクロの世界の特性に付随して現れたもので、真空中を伝わる新しいタイプの波です。物質波を既存の理論からみちびくことはできませんが、第1章3でのべたように、物質（粒子）が波の性質をもつことは、デビッソンらによる電子の回折実験によって実証されています。

電子の定常状態は、エネルギー、位置、時間など運動にかかわる物理量とともに、主量子数（整数値）などの量子数によって表されます（第2章1「原子は量子化されている」を参照）。シュレディンガーは、これらの諸量を用いて**波動関数**ψ（プサイ）をみちびき、時間とともに変化する電子波の状態を具体的に記述することに成功しました（**図2-5**）。1933年、彼は新しい原子理論の発見によって、ノーベル物理学賞を受賞しました。

ここで、後の理解を助けるために、波（波動）について簡単に説明しておきましょう（**図2-6**）。横軸に時間を、縦軸に波高hをとり、ある瞬間の波面の高低を描くと**1**のよう

波動関数
原子や素粒子などの状態が、それらの位置によってどのように変化するかを表す関数。

2-5 シュレディンガーの波動方程式

エルヴィン・シュレディンガー
（1887〜1961）

$$\frac{d\psi}{dt} = H\psi$$

ψ：波動関数（プサイ）

$\frac{d}{dt}$：時間微分を表す

H：エネルギーを表す量（ハミルトニアン）

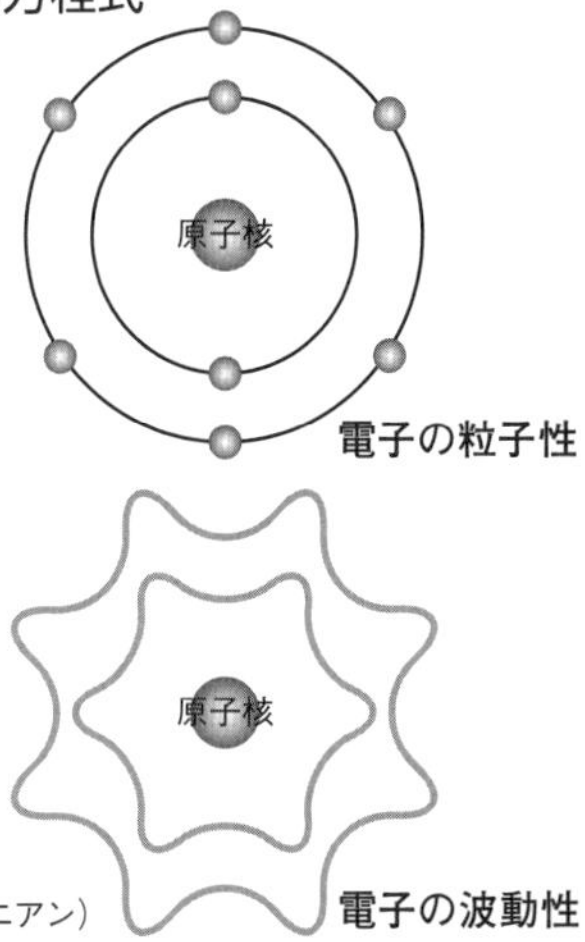

になります。波の１うねりが波長λです。基準の波**1**に対して、それより進んだ波は、**2**のように左にずれますが、このような波の進み・遅れを「位相《いそう》」とよびます。**2**の波は、０Ａだけ位相が進んでいます。ふつう、１波長分を３６０度とするので、０Ａに相当する角度（この場合は90度で、４分の１波長に相当する）が位相の進みになります。１８０度位相が進むと、**3**のように、もとの波**1**とは正負が反対になります。この場合は、二つの波（**1**と**3**）を重ね合わせて合成するとゼロになって消えてしまいますが、このとき二つの波は逆位相であるといいます。

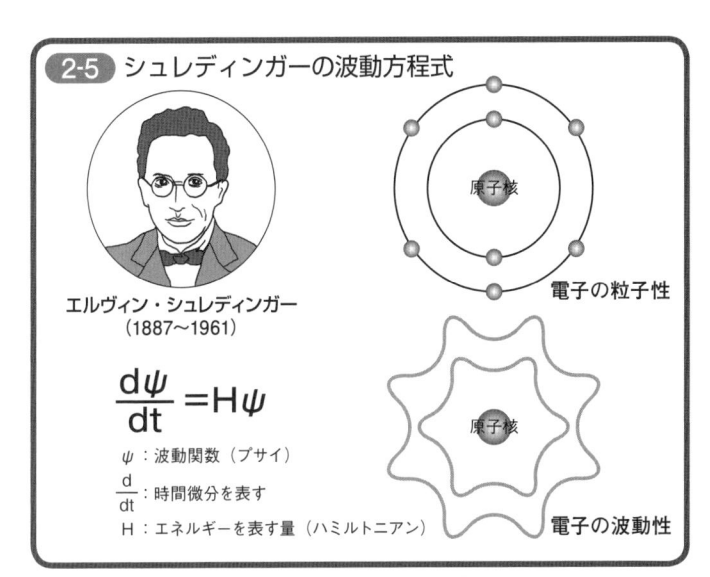

2-6 波動の性質

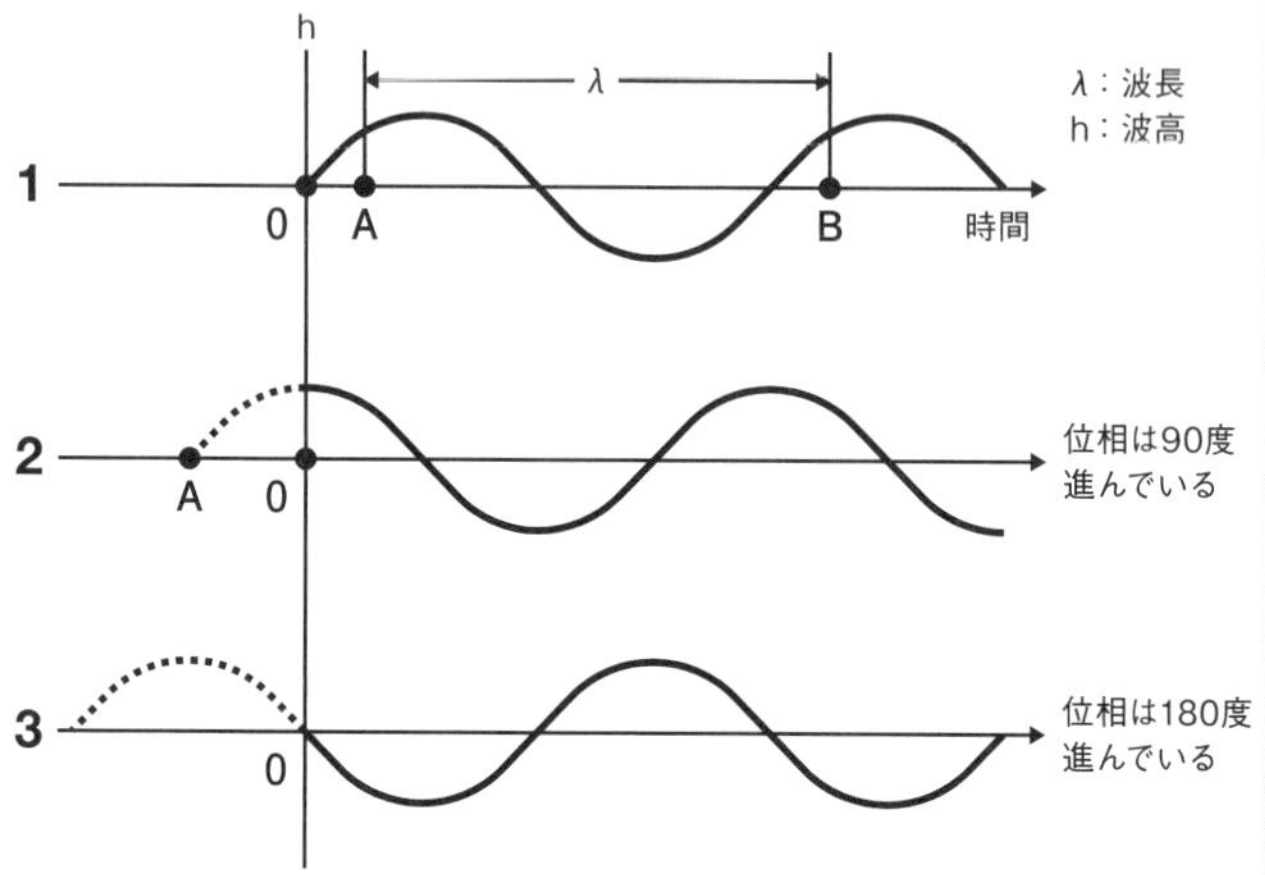

粒子性と波動性は同居している

古い時代から、粒子と波動はたがいに相《あい》容《い》れない、対立する概念としてとらえられてきました。野球のボールと海の波を想定すればわかるように、粒子は空間の限られた場所を占有しますが、波はさえぎるものがなければ、どこまでも広がっていきます。ですから、粒子は1個、2個と数えて分量を測ることができますが、波はそれができません。しかし、波には強い波、弱い波があります……。

これまでみてきたように、ミクロの世界では粒子性と波動性が同居しています。波動と考えられていた光が粒子（光子）とし

ボールにも波動性がある

150g（0.15kg）のボールを時速100km（秒速約28m）で投げたときのボールの運動量

$$p=mv=0.15\times 28=4.2\ (\mathrm{kg\cdot m/s})$$

p：ボールの運動量
m：質量
v：速度

このときド・ブロイ波長λは、

$$\lambda=\frac{h}{p}=\frac{6.63\times 10^{-34}}{4.2}=1.6\times 10^{-34}\mathrm{m}$$

プランク定数h：6.63×10^{-34}（J・s）

てふるまったり、粒子として扱われていた電子や陽子が波（物質波）の性質を示すのです。シュレディンガーの量子力学でも、電子は波動（物質波）として扱われています。

では、粒子性と波動性に関するこのような違いは、マクロの世界とミクロの世界の隔絶を意味しているのでしょうか。あらゆる対象が、粒子性と波動性をもつことは、ミクロの世界だけの特質なのでしょうか。この疑問に答えるために、次のような現象を考えてみましょう。

ここに150グラム（0・15キログラム）のボールがあったとして、それを時速100キロメートル（秒速約28メートル）

で投げたとします。そこで、このボールの波動性をみるために、ド・ブロイ波長を計算してみましょう。計算の苦手な人は、途中の計算を飛ばして、結果だけをみてください。

計算の結果、ボールのド・ブロイ波長は、１・６メートルの１兆分の１の１兆分の１、そのまた１００億分の１という微少な値であり、観測できる限界をはるかに超えています。このことからわかるように、巨視的な粒子（ここではボール）が波動性をもたないわけではなく、波長が極めて小さいために識別できないのです。

他方、１００ボルトの電圧で加速した電子のド・ブロイ波長は、ほぼ原子の大きさ10^{-10}mとなります（計算は示さない）。マクロの世界のボールとは違って、この値は原子の性質を扱う場合には、けっして無視できない大きさです。

ミクロとマクロの世界で、このように波動性について差が生じたのは、電子の質量が、９×10^{-31}キログラムと非常に小さいこと、したがって、運動量pが小さいことに原因があります。０・１５キログラムのボールと約10^{-30}キログラムの電子を比べてみればわかるでしょう。身のまわりの物質は、アボガドロ数（６×10^{23}）にみるように、莫大な数の原子・分子からなっています。原子の質量や大きさは微小であっても、それが多数集まれば、私たちは物体として認識します。このような自然の構造が、粒子がもつ波動性の大きさを左右するのです。

観測すると変化するミクロの物質

ニュートン力学は、重力の影響のもとで、位置と速度が時々刻々変化するありさまを正確に予言します。位置と速度は、われわれが観測するとしないとにかかわりなく、それぞれの時刻において確定している――これがニュートン力学の基本的前提です。

たとえば、ボールを投げる場合、われわれがそれを見ることとは無関係に、ボールは、それぞれの時刻に、それぞれの場所に存在していて、それぞれの速度をもっています。つまり、ボールを投げ出すときの角度や速さ（初期条件）が原因となって、結果（それ以後の状態）が正確に決まるわけです。このような原因と結果の関係を「因果関係」とよびます。

他方、原子などのミクロの世界では、「見る」という行為は、電子などの運動に何らかの影響を与える可能性があるのです。たとえば、見るためには、少なくとも電子などの対象に光を当てなければなりませんが、そのことによって、光電効果やコンプトン散乱にみられるように、観測する対象としての電子の状態が変化します。

実際、量子力学では、ある体系の運動状態が確定したとしても、位置や速度が必ずしも確定しているわけではありません。もし無理にこれらを観測しようとすると、観測値はそのつど異なってしまいます。たとえば、電子の位置を精度よく決めようとすると、速度の値は観測ごとに異なり、粒子の速度は広く分布するようになります。つまり、速度の決定精度は、確率的にしか決めることができないのです。逆に、速度の決定精度を高めると、位置の決定精度が落ちてしまいます。

このことからわかるように、ミクロの世界では、マクロの世界にみるような決定論的な因果関係は成り立ちません。量子力学は、ある現象のふるまい（場所と速度）を、確率的に予測することしかできないのです。

しかし、これは量子力学が現象の予測に関して無力であることを意味するものではありません。たとえば人間の寿命。一人一人の寿命を正確に予想することはできませんが、寿命の平均値は計算できるし、計算する意味があります。平均寿命はあくまでも確率的な量ですが、その国の医療制度、食糧事情、健康への関心などについての重要な情報を提供してくれます。

ミクロの世界のしくみも、これと事情は似ています。量子力学では、ものごとは確率的にしか決めることができず、はじめの状態を完全に指定しても観測結果は確定した値になりません。つまり、原子などのミクロの世界では、原因から結果が一義的にみちびかれるという、古典的な意味での因果律は成り立っていないのです。

ハイゼンベルクの不確定性原理

１９２７年、ドイツの物理学者Ｗ・ハイゼンベルク（１９０１〜１９７６）は、位置と速度の精度をどこまで小さくできるかという問題に答えるために、次のような「不確定性原理」を提唱しました（**図2-7**）。ΔＸ（デルタエックス）は「位置の不確からしさ」を、ΔＶ（デルタブイ）は「速度の不確からしさ」を示し、

$$\Delta X \times \Delta V \geqq \frac{h}{2\pi m}$$

となります。

この式で、たとえば「位置の不確からしさ」というのは、粒子の位置を測定したときの誤差を意味しています。この式の右辺（$\frac{h}{2\pi m}$）は微少な値ではありますが、大きさは有限です。このことは、「速度の不確からしさ」と「位置の不確からしさ」を同時にゼロにすることはできないことを意味しています。つまり、一方を大きくすると、もう一方は小さくしなければならないのです。

2-7 不確定性原理

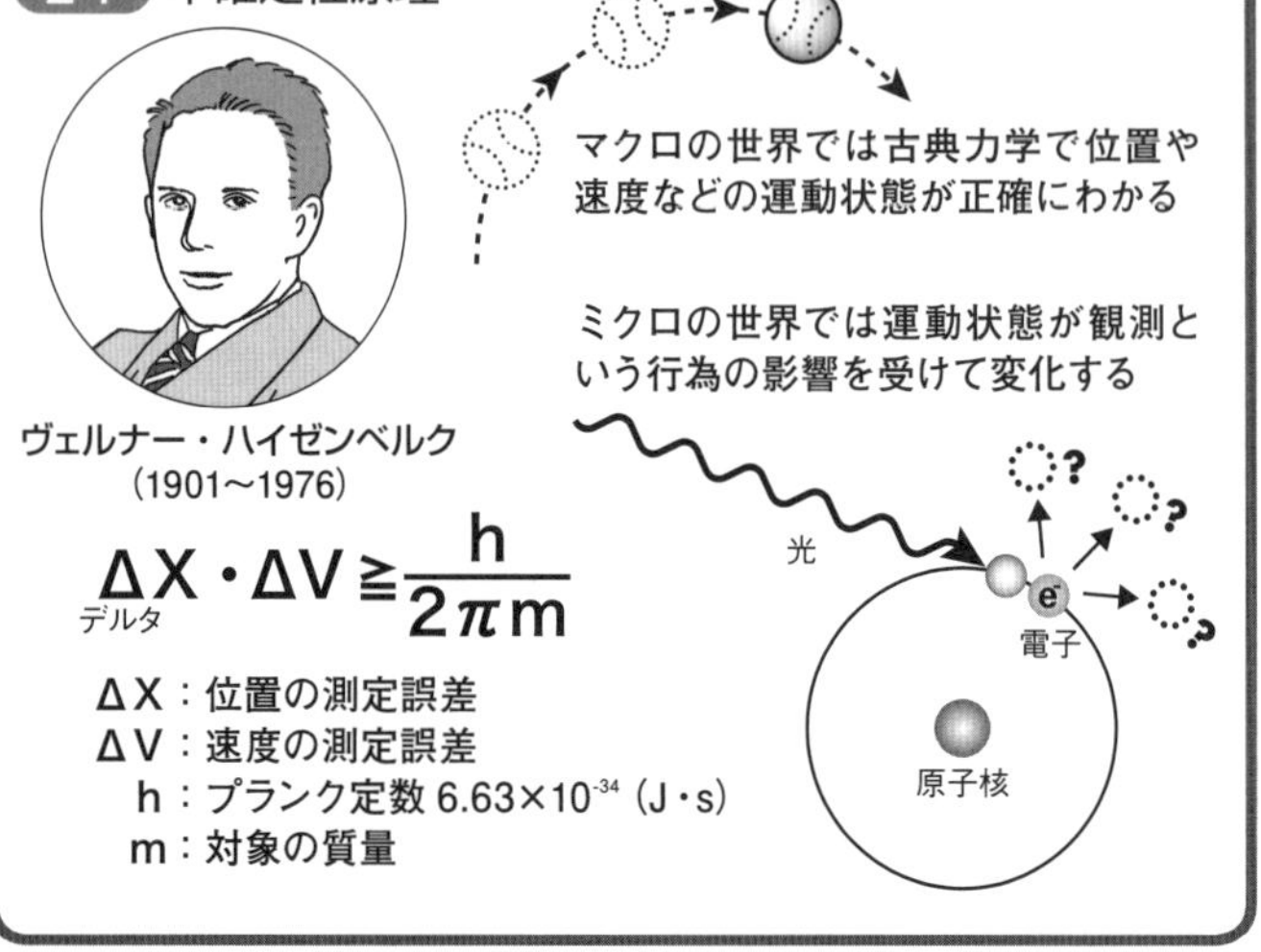
マクロの世界では古典力学で位置や速度などの運動状態が正確にわかる
ミクロの世界では運動状態が観測という行為の影響を受けて変化する
ヴェルナー・ハイゼンベルク
（1901〜1976）
光
e⁻
電子
原子核
?
$\Delta X \cdot \Delta V \geqq \frac{h}{2\pi m}$
デルタ
ΔX：位置の測定誤差
ΔV：速度の測定誤差
h：プランク定数 6.63×10^{-34}（J・s）
m：対象の質量

先にみたように、物質の波動性は、ミクロの世界だけの特性ではなく、マクロの世界の物質もまた物質波としての属性をもっています。マクロの世界でも物質波は存在しうるのですが、その波長は極めて短く、観測することができません。言葉をかえれば、ド・ブロイの提唱する物質波の存在は、ミクロの世界、マクロの世界を問わず成り立っている普遍的なしくみなのです。

そこで、不確定性原理についても同様な考察を進めてみましょう。まずはじめに、マクロの世界で、1グラムの粒子を想定してみます。この粒子の位置をΔx＝1ミクロン（10^{-6}メートル）の精度で測定したとして、速度の決定精度ΔV（不確からしさ）

速度の不確からしさ

1gの粒子の位置をΔx=1ミクロン（10^{-6}m）の精度で測定した場合

$$\Delta V \geqq \frac{h}{2\pi m \Delta x}$$

h：6.63×10^{-34}（J・s）
m：10^{-3}kg
Δx：10^{-6}m

$$\Delta V \geqq 1.1\times10^{-25}\quad(\mathrm{m/s})$$

電子を原子の大きさの精度（Δx=10^{-10}m）で測定した場合

$$\Delta V \geqq \frac{h}{2\pi m\times10^{-10}}\ (\mathrm{m^2/s})$$

電子の質量 m：9×10^{-31}kg

上式に代入して、速度の不確からしさは、約 10^{6}（m/s）となる

の下限を求めると、上の計算式のようになります。

結果をみると、速度の下限は毎秒約10^{-25}メートルとなって、測定器の精度をはるかに下回っていることがわかります。このことは、マクロの世界では、位置の精度と速度の精度を同時に十分な精度で決定できることを示しています。

次に、電子を原子の大きさの精度（Δx＝10^{-10}m）で測定する場合を考えると、「速度の不確からしさ」は毎秒約10^{6}メートルとなります。これは、原子内の電子の運動速度、毎秒10^{6}メートルと同程度であり、無視することができません。

物質波の議論と同じように、不確定性原

理もまた、マクロの世界、ミクロの世界を問わず成り立っています。不確からしさの与える影響が、ミクロの世界では無視できないのです。いま仮に、hをゼロにしてみると「速度の不確からしさ」と「位置の不確からしさ」を同時にゼロにすることができます。これは、速度と位置を同時に誤差ゼロで測定できる、というニュートン力学の前提にほかなりません。

4　アインシュタインと量子力学

常識やぶりの特殊相対性理論

１９０５年、アインシュタインは特殊相対性理論を発表しましたが、この理論は、量子力学にも大きな影響を与えました。理論の詳細は専門書に譲ることにして、ここでは、特殊相対性理論によって、シュレディンガーの量子力学がどのように修正されたかをみることにしましょう。

はじめに、特殊相対性理論と一般相対性理論の違いについてひと言ふれておきます。特殊相対性理論は、力（重力）が働かない系（慣性系とよぶ）における時間・空間（時空）の概念を論じたもので、アインシュタインが26歳のときに発表されました。その後、彼は特殊相対性理論の制約を取り払い、より一般的な理論を構築するための努力を続けました。そして１９１６年、一般相対性理論を発表し、力（重力）が働く時空の性質を論じました。

ところで、20世紀最高の理論物理学者アインシュタインとは、どのような人物だったのでしょう。彼は独創的な理論をつくり上げるために、「思考実験」の利点をフルに活用しました。ややこしい論理や数式を追うのではなく、頭の中に実験室を想定し、問題の本質を日常的な現象に関連させつつ絵画的に生き生きとあぶり出すのです。

たとえば、一般相対性理論を生みだすために、自分が屋根から落ちる場面を想定しました。自分は屋根の上にリンゴを手にして立っています。手にリンゴの重さを感じるのは、リンゴに重力が働いているからです。そこでアインシュタインは、意を決して屋根から飛び降りてみました。すると、落下している間、手のひらにはまったくリンゴの重さが感じられないではありませんか。手を引っ込めても、リンゴは自分の胸の前にあります。落下している自分のまわりには、無重力状態が発生したのです。こうしてアインシュタインは、運動によって重力が現れたり消えたりすることを発見し、一般相対性理論の構築に大きなヒントをつかんだといわれています。

ここで、特殊相対性理論を簡単に説明し、それによってミクロの世界の理解がどのように深まるかをみておきましょう。

特殊相対性理論は次の二つの結論をみちびきます。

①物差しの縮みと時計の遅れ

②質量とエネルギーの等価性

結論①は、「動いている物差しは、止まっている人から見て進行方向に長さが縮み、動いている時計の歩みは、止まっている人から見て遅れて見える」という、常識を破る大胆なものでした。時間の遅れとは、時間のテンポが遅くなることを意味しています。すなわち、地上の時計では「カチ、カチ」という時の刻みが、光速のロケットの中では「カ〜チ、カ〜チ」というように、延びるのです。このことは、ロケットの中で寿命が50年の人は、地上からみれば、もっと長い寿命をもつことを意味しています。光速ロケットの中の人間の寿命を測ることはできませんが、素粒子の寿命の延びは実験室でも確かめられています。素粒子の中には短寿命で崩壊するものがありますが、これを光速近くまで加速してみると、寿命が延びることがわかっています。空間の収縮も時間の遅れも、物体が光速c（毎秒30万キロメートル）に近づくと顕著になります。

もう一つの結論②は、エネルギーEと質量mには、$E=mc^2$が成り立ち、それらがたがいに転化するというものでした。このことは、エネルギーEが発生するときには、必ず質量mが消費されることを意味しています。

たとえば炭素が燃えると二酸化炭素ができますが、このとき炭素1グラムに対して、2

炭素の燃焼とエネルギー

$$C + O_2 \rightarrow CO_2 + 2\text{kcal}$$

$E=mc^2$ を用いて、炭素(C)1g の燃焼で発生した熱エネルギー2kcal(2000cal)をエネルギーの単位ジュール(J)に換算すると、

$$E = 2000 \times 4.2 = 8400\text{J} \quad (1\text{cal}=4.2\text{J})$$

$$c = 3 \times 10^8\text{m}$$

この熱エネルギーに相当する質量は

$$m = E/c^2$$

$$= 8400/(3 \times 10^8)^2$$

$$= 約\ 10^{-13}\text{kg} = 約\ 10^{-10}\text{g}$$

キロカロリーの熱が発生します。このエネルギーに相当する質量を、$E=mc^2$を用いて計算してみると、約10^{-10}グラムとなります(上の計算式参照)。

この熱エネルギーに相当する質量は、わずか10^{-10}mグラム。つまり、サイコロほど(1グラム)の炭素が燃えたとき、エネルギーに転化した質量は、その100億分の1にすぎません。燃焼で熱エネルギーを得ることは、何と効率が悪いことか!

言葉をかえれば、燃える前の質量(炭素と酸素の質量の和)を100億単位とすると、99億9999万9999単位は二酸化炭素として放出され、1単位だけがエネルギーに転化したことになります。燃焼のよ

うな化学反応では、反応の前後で質量が等しいという「質量保存の法則」が（厳密ではないものの）高い精度で成り立っていることがわかります。

相対論的量子力学の登場

シュレディンガーがつくり上げた量子力学には、特殊相対性理論の効果が取り入れられていませんでしたが、電子のエネルギーが高くなると（電子の速さが光速に近づくと）、特殊相対性理論の影響が問題になってきます。

１９２８年、イギリスの物理学者Ｐ・ディラック（１９０２〜１９８４）は、「ディラック方程式」とよばれている新しい相対論的波動方程式をみちびき、電子の反粒子、陽電子（e^+）の存在を予言しました。陽電子は電子と同じ性質をもち、電荷だけが反対（プラス電荷）の粒子です。

１９３２年、アメリカの原子物理学者Ｃ・アンダーソン（１９０５〜１９９１）は、飛跡《ひせき》検出器「霧箱」を考案し、その飛跡写真の中に、電子と陽電子が、一点から対になって飛び出している事象を発見しました。この現象は、ガンマ線（高いエネルギーの光、γ線と記す）からの「対生成《ついせいせい》」とよばれ、いまでは実験室内で直接観測することができます。ガンマ線のエネルギーが質量に転化して、電子と陽電子の質量を生みだしたのです。

こうして、ディラックは１９３３年に、またアンダーソンは１９３６年に、ノーベル物理学賞を受けました。ここで発見された陽電子は、電荷以外、たとえば質量や寿命などについては電子とまったく同じ性質をもっていて、電子の反粒子とよばれています。その後の実験は、陽子の反粒子「反陽子」、中性子の反粒子「反中性子」があることを明らかにしました。

量子力学に貢献した物理学者たち

20世紀はじめ、プランクが光の粒子性を予測し「光量子仮説」を提唱して以来、４半世紀の間に、ニュートン力学では扱うことができない原子の世界の新事実が相次いで発見されました。そして、エネルギーの不連続性、粒子と波動の二重性、不確定性原理というミクロの世界の法則が提唱され、それらを総合的に解明するための理論体系、量子力学がつくられました。左に、これらの研究に貢献し、本書でも取り上げた研究者（ノーベル賞受賞者）の業績を、受賞年順にまとめておきましょう。それぞれの受賞時の年齢を調べてみると、14人中７人が30代で受賞しています。新しい発想への挑戦の意欲と、それを実現する能力は若い時に芽生えるものだということがわかります。

1905年　**P・レーナルト**：陰極線（電子線）の研究と光電効果の実験
1906年　**J・J・トムソン**：気体の電気を伝える度合（電気伝導度）についての実験的・理論的研究
1908年　**A・ラザフォード**：元素の崩壊および放射性物質の化学に関する研究
1918年　**M・プランク**：光の粒子性の発見
1921年　**A・アインシュタイン**：数理物理学への功績、とくに光電効果の発見
1922年　**N・ボーア**：原子の構造とその放射に関する研究
1927年　**A・コンプトン**：光子と電子の散乱（コンプトン効果）の研究
1929年　**ド・ブロイ**：電子の波動性の発見
1932年　**W・ハイゼンベルク**：量子力学の確立
1933年　**E・シュレディンガー、P・ディラック**：新形式の原子理論の発見
1935年　**J・チャドウィック**：中性子の発見
1936年　**C・D・アンダーソン**：陽電子（プラスの電荷をもつ電子）の発見

1937年　C・J・デビッソン、G・P・トムソン：結晶を用いた電子の干渉現象の実験的発見

シュレディンガーやディラックたちによってつくり上げられた量子力学は、原子の性質、すなわち、原子内の軌道電子のふるまいを解明するための理論体系です。わざわざ「原子」を強調したのは、これ以外にも、量子力学の対象があることを意味しています（この点は第3章以下で説明します）。

原子の性質は電子の状態で決まり、原子核の詳しい性質には左右されません。原子核のサイズは電子軌道の10万分の1しかなく、その意味で（電子から見れば）ほとんど点でしかありえないからです。原子核の働きは、プラスの電荷（陽子による）によって電子を引きつけている、ということです。つまり、負電荷を帯びた電子と正電荷をもつ陽子の間には、電磁力が作用しているのです。これを電磁相互作用といいます。

5　場の量子論

電気の場、磁気の場

電磁相互作用を理解するために、少しのあいだ、古典電磁気学に目を向けてみましょう。ここに、棒磁石があるとします。磁石の両端には、N極とS極があります（これを磁極とよびます）。N極には正の磁極が、S極には負の磁極があり、N極とS極のまわりには、磁気の場、すなわち磁場が発生しています。磁場が力の場であることを示す簡単な実験をしてみましょう。

画用紙の上に鉄粉をまき、その裏側（下側）から棒磁石を近づけると、いままでバラバラに分布していた鉄粉はきれいに整列します。そこには、鉄粉を動かす力が発生しているのです。整列した鉄粉の方向をなぞっていくと線が描けますが、それは磁気の力が働く線ということで「磁力線」とよびます。**図2－8**に示すように、磁力線はN極から発して、S極に終わります。

2-8 磁気と電気の類似性

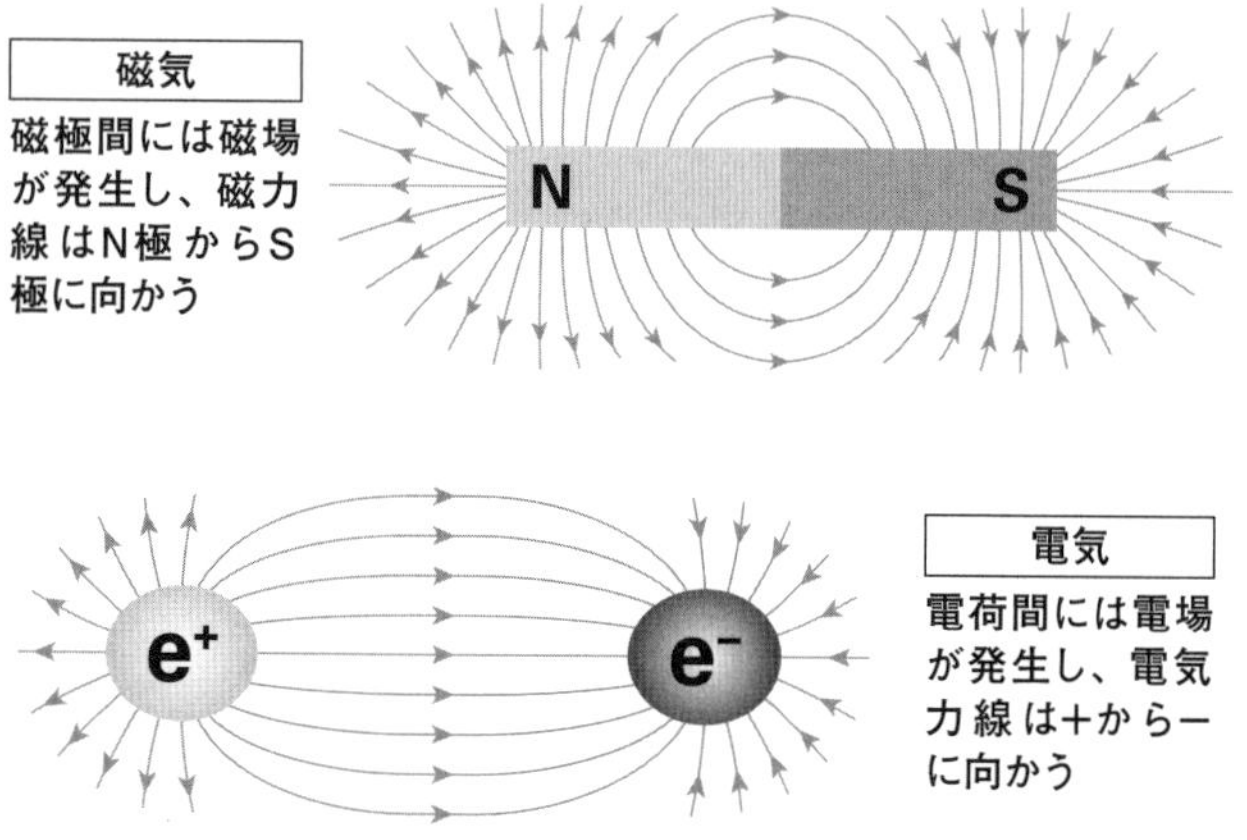

磁気の議論は、同じように、電気に対しても成り立ちます。すなわち、二つの電荷 e_1（正電荷）、e_2（負電荷）があったとき、そのあいだには電気の場（電場）が発生します（e_1とe_2の電気量は等しいとする）。この場合も、正電荷から負電荷に向けて電気の力が作用する線、電気力線を描くことができます。電気力線は、正電荷から発して、負電荷に終わります。

いま、e_1とe_2がつくる電場のなかに、単位の正電荷eを入れたとします（これを試験電荷とよびます）。試験電荷eは、e_1（正電荷）から反発され、e_2（負電荷）から引き付けられます。ここで、eが動く経路をなぞっていくと、それが電気力線になります。もし、電場中に負電荷e^-をおけば、今度は正電荷と逆向きに動きます（e_2からe_1に向かって動く）。

磁場についても同じような議論を進めることができます。すなわち、磁場の中に試験磁極Nをおくと、それは、磁場から力を受けて、磁石のN極からS極に向けて運動します。その経路は、磁力線で表されます。試験磁極をSとすれば、Nとは逆向きの運動をします。このように電場と磁場は、力を及ぼす場であることがわかりました。

この実験が示しているように、電気と磁気の作用は類似しており、電磁相互作用として、統一的に理解できることが示唆《しさ》されます。

電磁相互作用とは

これまで、電場と磁場は時間的に変動しない場、すなわち、静電場と静磁場を想定してきました。しかし、もっと一般的に、電場と磁場はたがいに絡み合って時間的に変化しながら伝わっていく電磁場と考えることができます。ここまでくると、電磁場が電磁力を伝える場であることが納得できるでしょう。変動する電磁場とは、具体的には電磁波にほかなりません。

電磁相互作用のしくみが見えてきました。電磁相互作用の量子力学は、量子電気力学とよばれ、たいへんややこしい計算がなされています。ここでは、その詳細にはふれないで、量子力学が電磁相互作用をどのようにとらえているかを説明することにします。

距離をへだてた二つの粒子、たとえば2個の電子に力が作用する場合、二つの考え方があります。一つは、力が瞬時に伝わるというもので、「遠達《えんたつ》作用論」とよばれます。もう一つは、力は波のように時間をかけて伝わるという「近接作用論」です。

遠達作用論か近接作用論かについては、ニュートンやデカルト以来、論争がなされてきましたが、20世紀の量子力学の発展のなかで、近接作用論に軍配が上がりました。

水槽に船を浮かべて手で波を立ててみましょう。波が伝わっていき、やがて船が揺れます。この場合、力の伝播《でんぱ》には水という媒質が必要です。また、音が伝わるのは空気が振動するからです。このように、マクロの世界における力の伝播には、水や空気のような媒質が不可欠です。ところが、電磁波は真空中でも伝わります。つまり、電磁波は、電場の振動が振動する磁場を誘起《ゆうき》し、その磁場が電場を誘起するというように、電場と磁場が振動しながら、毎秒30万キロメートルで伝播するのです。電磁力はこうして、電磁波が2個の荷電粒子（この場合は電子）の間に交換されることによって発生し、伝わります。

水の上に2艘《そう》の船を浮かべて、キャッチボールをしてみましょう。受け手は、ボールを受け取るたびに力を受けて後退します。ボールに相当するのが電磁波です。ミクロの世界では粒子性と波動性が同居しています。つまり、電磁波は光の粒「光子」でもありますから、電磁相互作用は光子のキャッチボールによって発生する、ということになります。

量子電気力学の完成

ここで、2個の電子e_1、e_2に働く電磁相互作用を理解するための便利な手法「ファインマン図」を紹介しましょう**（図2-9）**。時間の進む向きを左から右にとると、電子は左から右に進む一本の線で表されます（電子e_1、e_2については右向きの2本の線が書ける）。そこで、ある時間に光子を交換して電磁相互作用が発生したことを、e_1、e_2の間に飛ぶ光子の線（図の波線）で表します。

ファインマン図の意味するところは単純明解ですが、実は、このような直感的な理解以上に深い意味があることを指摘しておきたいと思います。それは、電子・光子の線、電子と光子の結合点などに量子力学的な物理量（電磁相互作用では電荷）が対応しており、その規則を知れば、電磁相互作用の定量的な見積もりができることです。物理学者も、量子力学の計算をするときには、まずファインマン図を書いて相互作用の概略をつかんでおくことから始めます。

　交換する光子は1個だけに限ることはなく、2個、3個……のこともありえます。これを高次効果とよびますが、それは交換する光子の数が増えていくと小さくなっていきます。電磁相互作用のこのような性質のため、高次効果は1個の光子を交換する場合に対する補正として扱うことができるのです。この手法を摂動《せつどう》論とよびます。

　場（この場合は電磁場）の働きに注目する理論を「場の理論」といいます。マクスウエルの古典電磁気学がこれにあたりますが、この理論では、電場・磁場の時間的・空間的なふるまいが、四つの方程式にまとめられています。

　古典的な場の理論を、ミクロの世界に適用したものが、「場の量子論」です。すでにのべたように、電磁場も物質も、波動性（電磁波）と粒子性（光子）という二重性をもっていますが、このことが場の量子論によって、完全かつ自然に定式化されました。場の量子論においては、古典物理学での物質と場の対立は解消し、すべての現象を場として把握する、場の一元論が成立したことになります。

　場の量子論は、１９２８年ごろからのディラックの研究に始まり、ハイゼンベルクとパ

2-9 電磁相互作用のファイマン図

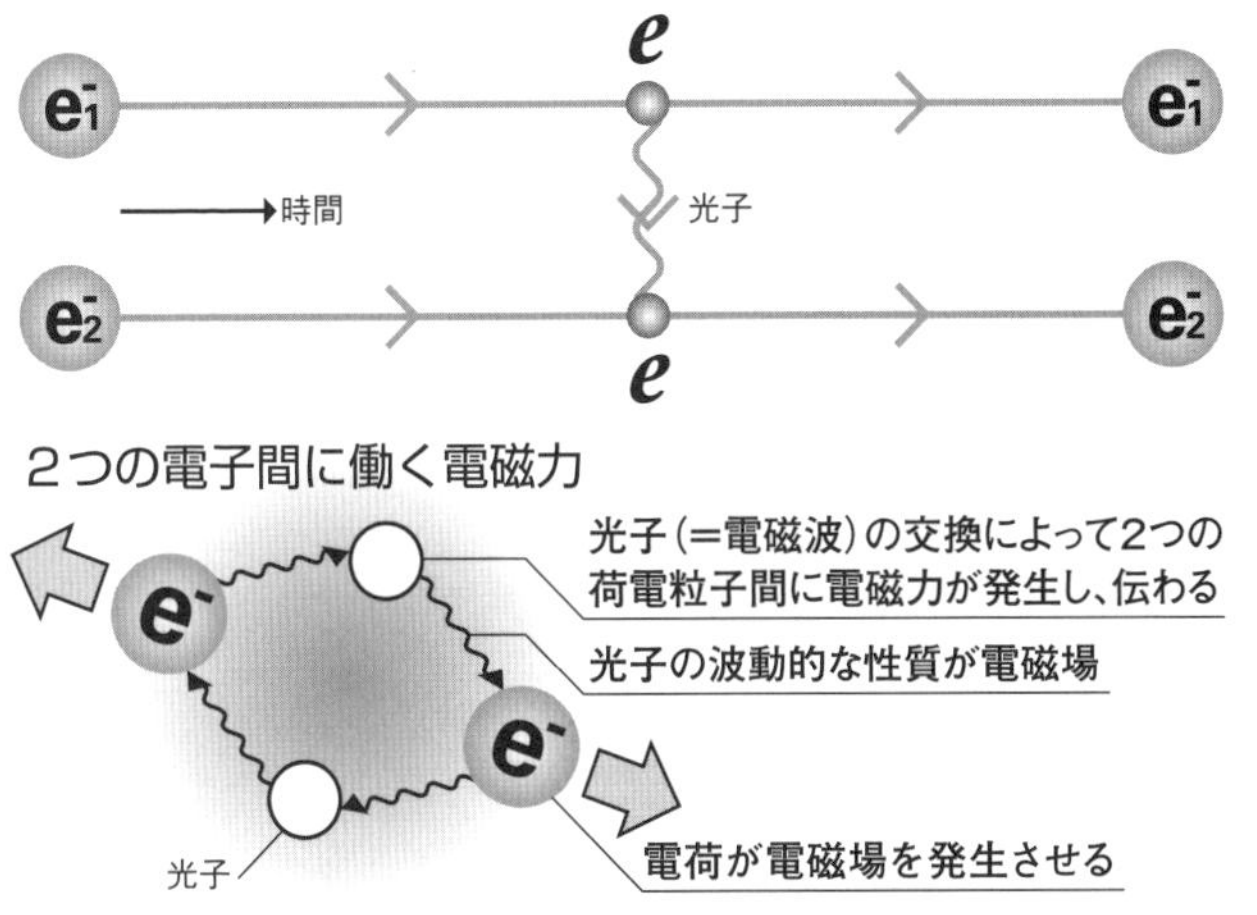

ウリによって、一般論として一応の完成をみました。彼らは、場の方程式（マクスウエル方程式やディラック方程式）を基礎として場の量子論をつくりましたが、その理論には二つの困難が内在していました。

一つは、相対性理論の効果（エネルギーと質量の転化）が正しく扱われていないこと、もう一つは、電磁相互作用の高次の項に無限大が現れることです（1を0で割るような項が現れると理論は発散し、有限な実験値を説明できなくなる）。

1943年、朝《とも》永《なが》振一郎（1906〜1979）は「超多時間理論」を発表し、この難点を乗り越えました。とくに、発散の困難は「くりこみ」という巧妙な方法によって回避され、量子電気力学は、驚くべき精度で実験値との一致を示しました。

１９６５年、朝永振一郎は、アメリカの物理学者Ｒ・Ｐ・ファインマン（１９１８〜１９８８）、Ｊ・シュウィンガー（１９１８〜１９９４）らとともに、ノーベル物理学賞を受賞しました。


ちょうどそのころ、私は東京工業大学の博士課程で、当時始まったばかりの原子核物理学の実験研究に没頭していました。湯川先生に次ぐ朝永先生の受賞は、日本での素粒子物理学実験の萌芽《ほうが》期にあって、私たち若い研究者に大きな力を与えました。

当時、夏休みには涼しい長野の民宿で「若手夏の学校」が開かれたのですが、朝永先生はそのような場にも足を運ばれ、私たちに気軽に話しかけてくださいました。酒宴では、落語や温泉好きの気さくな先生にも接することができ、物理学者としての尊敬の念とともに人間的なあたたかさを感じたものです。

１９６７年３月、私は理学博士号を取得しました。そして、どういう風の吹きまわしか、博士課程の終業式で答辞を読むことになりました。懸命に答辞の文章づくりに打ち込みましたが、そのときまず頭に浮かんだのは、朝永先生のノーベル賞受賞でした。答辞では、若気のいたりもあって、「朝永先生の功績をさらに発展させるため、私たちも頑張ります」という恰好のいいことを表明した記憶があります。よほど緊張していたらしく、同僚から「答辞をもつ手がふるえていたぞ」といわれたこともおぼえています。

朝永先生たちの量子電気力学において確立された手法は、それ以後の原子核や素粒子の理論を構築するための指針となりました。

第3章

「統一理論」への あくなき挑戦

1　新発見をもたらした実験物理学

20世紀前半までの量子力学の歩み

19世紀後半から発展した新しい量子力学を勉強するにあたって、20世紀前半までの量子力学をまとめておきましょう。

19世紀終わりから20世紀4半世紀にかけての「前期量子論」の時代は、プランクの光量子仮説から始まりました。それは、高温の物体からの光（黒体放射とよぶ）を説明するために、光のエネルギーEが振動数νに比例した特定の値（hν）を単位としてしか変化できないという新しい概念の提唱でした。ここにはじめて、振動数とエネルギーを結びつける定数（プランク定数）hが導入されました。

プランクに続き、アインシュタインは、光電効果を説明することによって、光の粒子性を実証しました。光が干渉することから、光は波動であると考えられてきましたが、波動性と同時に粒子性をもつことが明らかになったのです。

ボーアは、原子内の軌道電子が安定に運動するため、「定常状態」という概念を導入しました。原子からの光スペクトル（光のエネルギー分布）がとびとびのエネルギーをもつことは、電子を波と考え、それが定常波をつくるという条件から説明できます。ド・ブロイは、粒子もまた波動としての性質をもち合わせるという「物質波」を提唱しました。こうして、ミクロの世界のすべての対象（電子、陽子、中性子、光）には、粒子性と波動性という二面性が備わっていることがはっきりしました。

このようなミクロの世界の特性を系統的に記述するために、１９３０年ごろまでに、シュレディンガーとディラックによって、量子力学が構築されました。１９４０年代には、朝永《ともなが》振一郎らが量子電気力学を完成させ、電磁相互作用についての理解を深めました。こうして振り返ってみると、20世紀前半に発展した量子力学は、あくまでも原子の理解を深めるものであり、いわば、「原子の量子力学」ともいうべき理論体系だったことがわかります。

第二次世界大戦が終わり、より大がかりで精密な実験装置（加速器）が建設されると、原子、原子核、さらに、新粒子などの発見が相次ぎました。観測結果を説明するために、実験は理論の修正を要請し、そのようにしてつくられた理論は、新規の現象を予測しました。こうして、実験と理論は、たがいに刺激し合いながら、急速に発展していくことになります。そして、この傾向は現在も続いています。

素粒子の質量はエネルギーで表す

ラザフォードが原子核を発見したときのことを思い出してみましょう。１９１１年に行われた「ラザフォード実験」では、放射性物質ラジウムから放出されるアルファ線（ヘリウムの原子核で、陽子2個、中性子2個からなる）を金箔に当て、それが大角度に散乱することから、原子の中心には、固い芯「原子核」が存在することが明らかにされました。

新しい素粒子を発見するためにも、同様の手法がとられます。ただし、アルファ線に代わって、高エネルギーの素粒子（電子や陽子など）が用いられます。素粒子のエネルギーが高くなれば、それを物質の深部に打ち込み、より小さな世界を明らかにすることができます。高エネルギー素粒子をつくりだす装置を「加速器」とよんでいます。

はじめに、素粒子のエネルギーと質量の単位について整理しておきましょう。素粒子のエネルギーは、電子ボルト（eV）で表します。いま、二つの電極間に1ボルト（V）の電圧を与え、そこに単位の電荷をもつ粒子、たとえば電子を1個おいたとしましょう。電子は負の電極から（反発され）正の電極に向かって（引きつけられて）運動します。このとき電子が得た（運動）エネルギーが1電子ボルトで、1eVと表記します。

第2章4の「特殊相対性理論」でのべたように、エネルギー（E）と質量（m）はたがいに転化し、両者のあいだには、

$$E = mc^2$$

が成り立ちます。cは光の速度です。この式からわかるように、エネルギー（E）と質量（m）は比例します。

ここで、エネルギーの単位について説明しておきましょう。

国際単位系はMKS単位系ともよばれ、長さをメートル（m）、重さをキログラム（kg）、時間を秒（s）で表します。MKSとは、これら3種の量の頭文字をとったものです。この単位系では、エネルギーの単位はジュール（J）です。1ジュールとは、100グラムの物体を1メートルの高さにもち上げる仕事とほぼ等しいエネルギーです。これを電子ボルト（eV）に変換してみましょう。

eは電子の電荷の大きさで、1.6×10^{-19}クーロン（C）、Vは1ボルトですから、それを用いて、

$1\mathrm{eV} = (1.6 \times 10^{-19}\ \mathrm{C}) \times 1\mathrm{V} = 1.6 \times 10^{-19}\ \mathrm{J}$

となります。この関係を使うと、電子のエネルギーを示す電子ボルト（eV）とエネルギーの単位ジュール（J）は、一方から他方へ変換できるわけです。

電子の質量は、9.1×10^{-31}キログラムと、きわめて小さいので、これをそのつど表記するのは不便です。そこで、質量の代わりにエネルギーを用います。すなわち、$E = mc^2$ の右辺に、$m = 9.1 \times 10^{-31}$（kg）、$c = 3 \times 10^{8}$（m/s）を代入して、

$E = (9.1 \times 10^{-31}) \times (3 \times 10^{8})^{2} = 8.2 \times 10^{-15}\ \mathrm{J}$

をみちびきます。さらに、先にのべたジュール（J）と電子ボルト（eV）の関係式を用いると、

E=510000eV=510keV（1keV=1000eV）

となります。このように電子の質量とエネルギーは、たがいに関係しているので、ふつう電子の質量を表すのに、電子ボルトが用いられます。

電子ボルトには、以下に示すように、1000倍ごとに新しい呼び名があります。

キロ電子ボルト（1keV =1000eV）

メガ電子ボルト（1MeV =1000keV=10^{6}eV）

ギガ電子ボルト（$1GeV = 1000MeV = 10^{9}eV$）
テラ電子ボルト（$1TeV = 1000GeV = 10^{12}eV$）

この表記を用いると、陽子と中性子のエネルギー（通常これを質量とよぶ）は約９４０MeVで、電子の質量の約２０００倍にもなります。

注意することは、静止した物体（質量m_0）でも、「静止エネルギー$E_0 = m_0c^2$」をもつことです。この関係式を使って、もし１グラムの物質をすべてエネルギーに変えることができたら、どうなるかを概算してみましょう。

$m_0 = 1g = 0.001kg$、$c = 3 \times 10^8$（m/s）を代入すると、$E = 10^{14}$ J がみちびかれますが、これは石油40リットルを燃やしたときの熱エネルギーに相当します。

物理法則と現代のエネルギー問題

質量とエネルギーはたがいに転化することを学びました。ここで、身近な現象に目を向けて、物理学の基本法則が、エネルギー問題にどのような示唆《しさ》を与えるかを見ておきましょう。

今日、人間は、火力発電と原子力発電（原発）でエネルギーを生産しています。火力発電では、〝燃焼〟で熱エネルギーが発生します。これは、たとえば炭素原子（Ｃ）が酸素分子（O_2）と結合して、二酸化炭素（CO_2）になるという「化学反応」で理解できます。

第２章４でのべたように、燃焼でエネルギーに転化する質量の割合は、わずか１００億分の１にすぎません。言葉をかえれば、もとの質量のほとんどが、二酸化炭素として、大気中に放出されたことになります。

一方、原発は、燃焼とはまったく異なる原理、〝核分裂〟を利用しています。これは原子の中心にある原子核を操作するもので、１９３８年、ドイツの化学者Ｏ・ハーン（１８７９～１９６８）によって発見されました。彼は１９４４年にノーベル化学賞を受賞しました。

核分裂の燃料ウラン２３５（${}^{235}U$）の原子核は、92個の陽子と１４３個の中性子からなります。そこに中性子（ｎ）が当たると、原子核は二つ（ＡとＢ）に割れ、莫大なエネルギーが放出されます。すなわち、

$$n + {}^{235}U \rightarrow A + B + 2n + Q'$$

Q′は「Ｑプライム」といって、Ｑと同じく熱量を表しますが、Ｑとは数値的に区別したいときに使います。「核分裂反応」で発生する熱量Q′は、「化学反応」の熱量Ｑに比べて１００万倍にもなります。これは、核分裂反応の利点でもありますが、制御しそこなうと、

福島第一原発のような大事故につながってしまいます。

素粒子実験の道具立て

話を「実験物理学の発展」という本題にもどし、典型的な素粒子実験を概観してみましょう。

まず、高エネルギー素粒子を発生させ、それを別の素粒子に衝突させます。衝突によって解放されたエネルギーから、多数の素粒子が発生します（エネルギーが質量に転化する）。この素粒子を検出器で観測し、そこから新しい情報を引き出すのです。衝突前の状態を「始《し》状態《じょうたい》」、衝突後の状態を「終《しゅう》状態《じょうたい》」とよびます。

荷電粒子（陽子や電子など）は、電場や磁場の中で力（ローレンツ力）を受けます。加速器は、磁場や電場を利用し、電子や陽子などの荷電粒子の運動を制御しながら、それらを高いエネルギーまで加速する装置です。

加速器の原理を図で説明しましょう（**図3－1**）。よく知られているように、電子や陽子などの荷電粒子は、磁場のまわりを回転運動します。いま、垂直の方向に磁場がかかっているとすると、荷電粒子は水平平面内で回転し、回転半径はエネルギーとともに大きくなります。磁場は荷電粒子の運動方向を曲げるだけで、加速することはありません。

荷電粒子を高いエネルギーにまで加速するためには、電場が利用されます。図のように、一対のドーナツ状の電極があり、ここに電子が右から入ってきたとしましょう。電子は負電荷をもつので、負の電極（右側）から斥力《せきりょく》（反発力）を受け、正の電極（左側）に向けて引力を受け、加速されます（左の電極から右の電極に向けて電場が発生している）。この電子が一まわりして、右の電極の右側までできたときには、右側の電極は正の電圧にきりかえられていて、電子に引力をおよぼし、ドーナツ電極のなかに吸いこみます。そのあとは、また電極をはじめの状態（右側が負電圧、左側が正電圧）にもどし、電子を加速させます。このように、短時間でその向きが切りかわる電場（電圧）を「高周波電場」とよびます。

加速器には、電場と磁場をかけ回転させながら加速する「円形加速器」と電場だけで直線的に加速する「線形加速器」があります。

いまここに、時速60キロメートルで走る自動車が２台あったとしましょう。ちょっと物騒な話ではありますが、この２台の車を衝突させることを想像してみてください。１台が静止している場合には、ガラスが割れて車がへこむ程度だとしても、２台が正面衝突した場合には、もはや修理が不可能なほどに大きな破壊を受けることになるでしょう。

3-1 加速器の原理

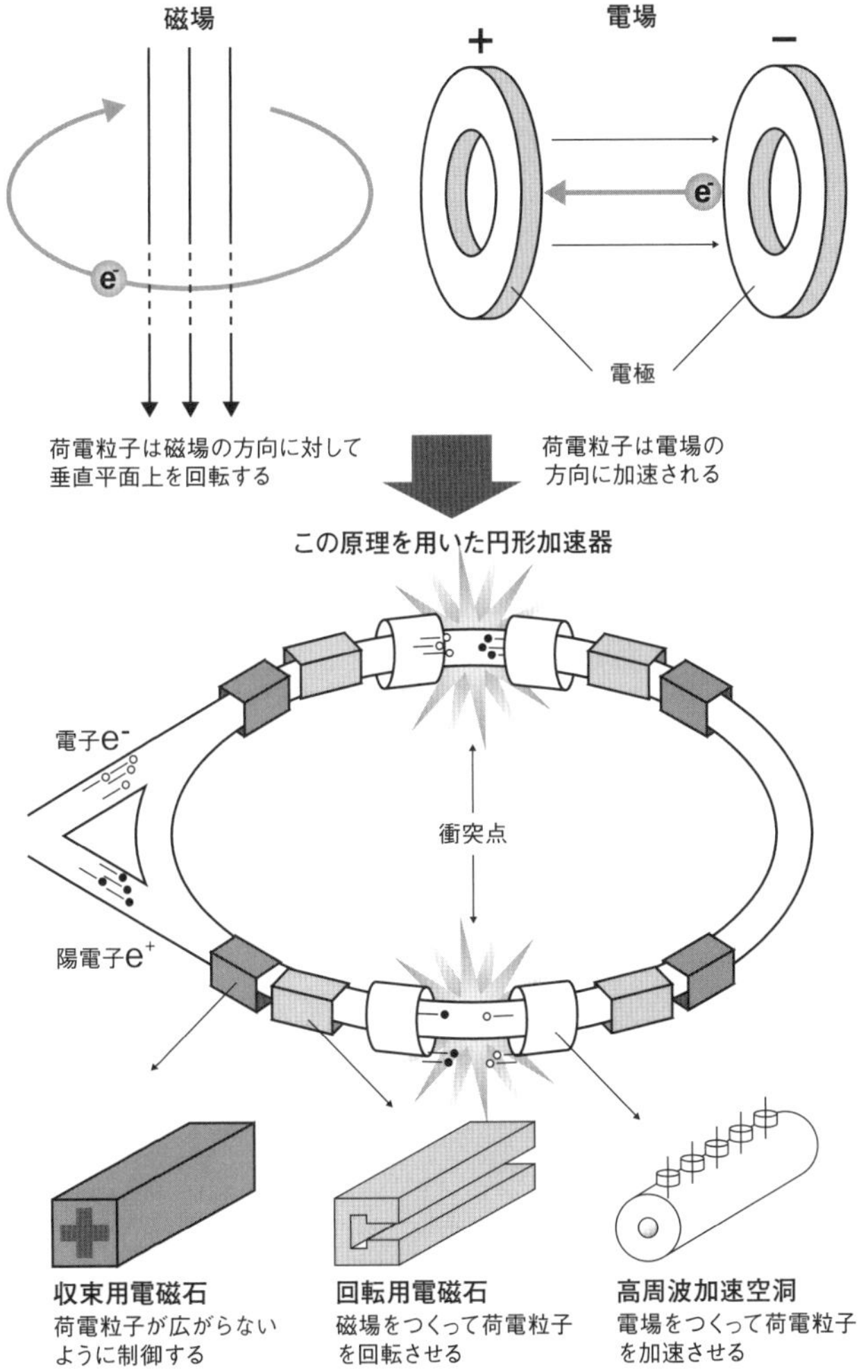
磁場
電場
+
−
e^-
e^-
電極
荷電粒子は磁場の方向に対して
垂直平面上を回転する
荷電粒子は電場の
方向に加速される
この原理を用いた円形加速器
電子e^-
陽電子e^+
衝突点
収束用電磁石
荷電粒子が広がらない
ように制御する
回転用電磁石
磁場をつくって荷電粒子
を回転させる
高周波加速空洞
電場をつくって荷電粒子
を加速させる

２台の車の正面衝突――それが大きな被害をもたらすのは、衝突によって高いエネルギーが放出されるからです。

素粒子を正面衝突させる

素粒子の衝突についても、同じことがいえます。

これまでは、静止した物質（素粒子）に、高エネルギーの素粒子をぶつけていましたが、いまでは、多くの加速器が素粒子同士を正面衝突させるタイプになりました。自動車の場合と同じように、最大の衝突効果が得られるからです。言葉をかえれば、２種の素粒子がもっていたエネルギーは、正面衝突においてもっとも効率よく解放されることになるのです。たとえば、１００GeVの電子と陽電子を正面衝突させたときには２００GeVの全エネルギーが解放されますが、それに比べて、一方が静止しているときには、実質的に利用できるエネルギーは１０００分の１にしかなりません。

とはいうものの、自動車の場合とは違って、光速に近い速さで走る微小な素粒子どうしをぶつけるのは至難のわざです。加速器の中では電子や陽電子は、10^{10}個ほどがバンチとよぶ「固まり」になって走っていますが、これをミクロンの精度でコントロールしなければならないからです。ちなみに、100GeVで走る電子の速さは、光速（毎秒30万キロメートル）の99・9999999％に達します。

加速器技術の観点からは、電子は陽子に比べて高いエネルギーまで加速することがむずかしい、という一般的な特徴があげられます。

電子はそのまわりに光子の雲をまとっています（電磁相互作用によって、光は電子のまわりで放出・吸収を繰り返している）。すると、電子が磁場によってリング内を回転するとき、電荷をもたない光子は、曲げられることなく電子軌道の接線方向に放出されます。こうして、光子が電子のエネルギーをもち出すので、電子はエネルギーを失って、もとの回転半径が小さくなってしまいます。したがって、電子を長時間、回転軌道上に保持するためには、外からエネルギーを補給しなければなりません。

問題は、補給するエネルギーが、電子のエネルギーとともに（4乗に比例して）急速に増大することです。エネルギー補給を小さくすませるためには、電子の回転半径を大きくしてゆっくり曲げてやればよいわけですが、そうなると加速器の規模が大きくなって、建設費を高めることになります。

コストや技術的な限界を考えると、電子と陽電子が正面衝突する加速器の最大規模のものは、スイスのジュネーブ郊外にある欧州原子核研究機構（ＣＥＲＮ、以下セルン）で１９８９年から２０００年まで稼動していたＬＥＰ（Large Electron Positron Collider）だろうと考えられています。ＬＥＰでは、電子・陽電子のエネルギーは45GeVから始められ、最高エネルギーは、１０４・５GeVに達しました（電子と陽電子のエネルギーを加えた全エネルギーは２０９GeV）。

周囲27キロメートルもあるこのトンネルの中に、いまＬＨＣ（Large Hadron Collider大型ハドロン衝突型加速器）が建設されています。

2　素粒子の精緻な構造

陽子・中性子には固い芯がある

ご存じのように、原子は「中心にある原子核とそのまわりを回転する電子」という構造をもっています。原子核は、陽子と中性子からなっていますが、それらを「核子」とよびます。

ところで、陽子と中性子が大きさをもつのに対して、現在の実験からは、電子に大きさがあるという事実は見つかっていません。また、これまでの理論でも、電子は点状粒子として扱われてきました。となると、「陽子・中性子の内部はどうなっているのか」が気になります。そこには、電子と同じような大きさのない真の素粒子がつまっているのか、それとも、それは種なしスイカのように一様なモノで満たされているのでしょうか。

陽子・中性子の構造を観測するためには、高エネルギー粒子、たとえば電子を陽子・中性子に打ち込んで、固い芯があるかどうかを調べます。ただし、核子は固く小さい（10^{-15}メートル）ので、その内部に電子を打ち込むためには、電子のエネルギーは高くなければなりません。さもないと、入射する電子は、核子の表面をかするだけになって内部に侵入できないからです。

このような研究は、１９６０年代からアメリカ西海岸にあるスタンフォード大学・線形加速器研究所（ＳＬＡＣ、以下スラック）で精力的に進められました。

スラックの加速器は線形加速器で、3キロメートルほどの長さをもち、通常2マイル加速器とよばれています。１９６２年から稼働を始め、電子は22GeVまで加速されました。

スラックの実験でわかったことは、電子は大角度にカチンと散乱され、陽子と中性子の中にも固い粒がある、ということでした。しかも散乱する電子には、カチン、カチン、カチンと3回跳ね返されるものもありました。どうやら、固い芯は一つではなく三つありそうなのです。この研究を行ったスタンフォード大学のＲ・ホフスタッター（１９１５〜１９９０）は、核子の構造の研究で、１９６１年にノーベル物理学賞を受けました。

カモメは「クォーク！」と3度鳴く

１９６４年、アメリカの理論物理学者、Ｍ・ゲルマンとＧ・ツワイクは、「陽子、中性子など、ハドロン（強い相互作用をする粒子）は、素電荷（e）のプラス3分の2か3分の1の半端な電荷をもつクォークとよぶ基本粒子からできている」という大胆な考えを発表しました。「クォーク」という名称自体に、特別の意味があるわけではありません。

　そのころクォークモデルの構築に熱中していたゲルマンは、ジェームス・ジョイスの小説『フィネガンズ・ウェイク』を読んでいました。小説の中で、カモメが「クォーク」と鳴いたことに、ゲルマンは膝をたたきました。「よし、これでいこう！」。

　ゲルマンらが導入したクォークは、上向き（アップ＝u）、下向き（ダウン＝d）、奇妙な（ストレンジ＝s）の3種で、それぞれ、プラス3分の2、マイナス3分の1、マイナス3分の1の電荷をもっています。カモメは、「u、d、s」と三度鳴いたようです。ここでも、「上向き、下向き、奇妙な」という名称は、文字通りの意味をもつわけではなく、単なる遊び心の表れです。

　分子から原子へ、原子から陽子・中性子へ、さらにクォークへと、物質を構成する粒子の構造がだんだん明らかになってきました（**図3-2**）。

　第2章4で、電子には、電荷の符号だけが反対の素粒子、陽電子が存在することをのべました。このように、電荷の符号が反対であること以外は、すべて同じ性質をもつ粒子が

3-2 クォークの発見

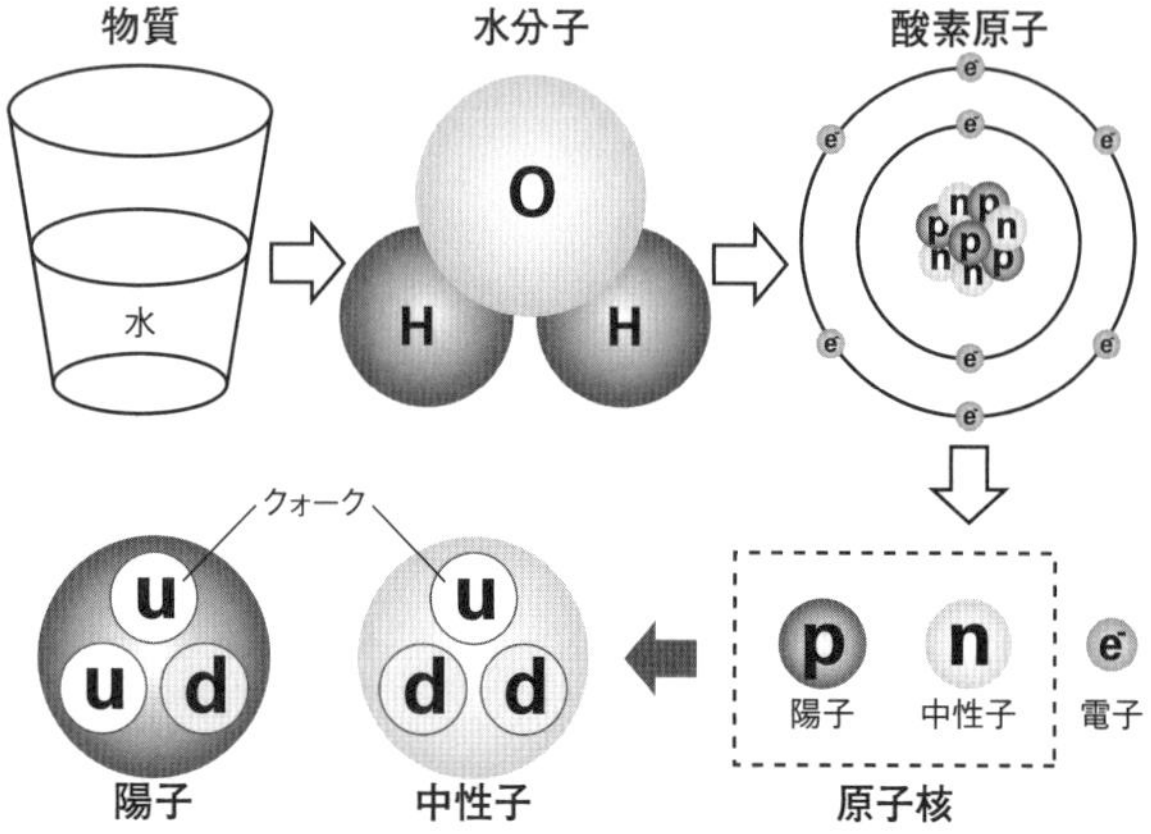

初期のクォークモデル

アップ・クォーク	電荷	反アップ・クォーク	電荷
u	$+\frac{2}{3}e$	$\bar{u}$	$-\frac{2}{3}e$
ダウン・クォーク		反ダウン・クォーク	
d	$-\frac{1}{3}e$	$\bar{d}$	$+\frac{1}{3}e$
ストレンジ・クォーク		反ストレンジ・クォーク	
s	$-\frac{1}{3}e$	$\bar{s}$	$+\frac{1}{3}e$

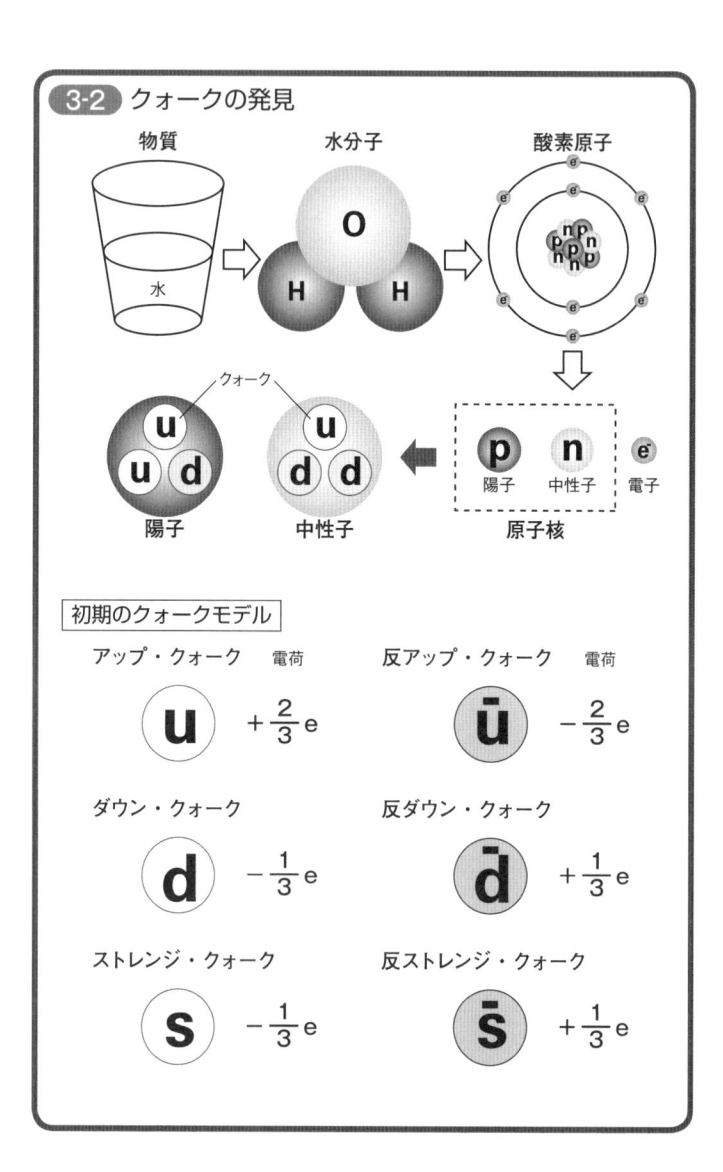

反粒子です。相対論的量子力学によれば、電子にその反粒子、陽電子があるように、すべての粒子には反粒子が対応しています。クォークも例外ではなく、それぞれのクォークには電荷の符号が反対の反クォークが対応しています。

素粒子には強い粒子と弱い粒子がある

ここで、素粒子を分類してみましょう（**図3－3**）。まず、大きくハドロン（強粒子）とレプトン（軽粒子）の二つに分けられます。ハドロンはクォークから構成される粒子のことです。ハドロンはさらにバリオンとメソンに分かれます。三つのクォークで表されるハドロンをバリオンとよびますが、その名称の由来はギリシャ語の「重い」にあります。陽子や中性子はバリオンです。一方、二つのクォークで表されるハドロンをメソンとよびます。

もう一つ、ハドロンとは異なるタイプの素粒子レプトンは、電子の一族です。電子の質量は、約0・5MeVと極端に軽いので、この一族を「軽粒子」とよぶのです。

ここで、陽子の中の三つの粒を「u・u・d」としてみると、その電荷の和は、

$$\frac{2}{3}+\frac{2}{3}-\frac{1}{3}=1$$

となって、陽子の電荷、プラス1がみちびかれます（以下では素電荷eを省く）。中性子についても同様に、「u・d・d」によって電荷ゼロをつくることができます。こうして、陽子・中性子の整数電荷は、三つのクォークがもつ半端な電荷から説明できるのです。

ところで、二つのクォークからなる粒子メソンの中には、パイ（π）、ケイ（K）など、短寿命の粒子が多く観測されています。たとえば、πは、陽子の約7分の1の質量をもち、電荷がプラス1、0、マイナス1の3種類あります。これを、π^+、π^0、π^-と記します。πメソンは、電子より重く核子より軽い、ということで「中間子」とよばれています。これは、湯川秀樹によって、陽子と中性子を結合させる素粒子として予言されていました。

整数電荷をつくることは、陽子のように「u・u・d」とする場合とは別に、クォークと反クォーク（アルファベットの上にバーを引いて表す）の組み合わせでも可能です。たとえば、π^+とK^+は、次のように考えることができます。

$$\pi^+ = (u \cdot \bar{d}) \rightarrow \frac{2}{3} + \frac{1}{3} = 1$$

$$K^+ = (u \cdot \bar{s}) \rightarrow \frac{2}{3} + \frac{1}{3} = 1$$

早くからわかっていた重粒子、陽子と中性子のエネルギーは約1GeV（1000MeV）、また最初に見つかった中間子、パイ中間子のエネルギーは、約140MeVです。

3-3 素粒子の分類

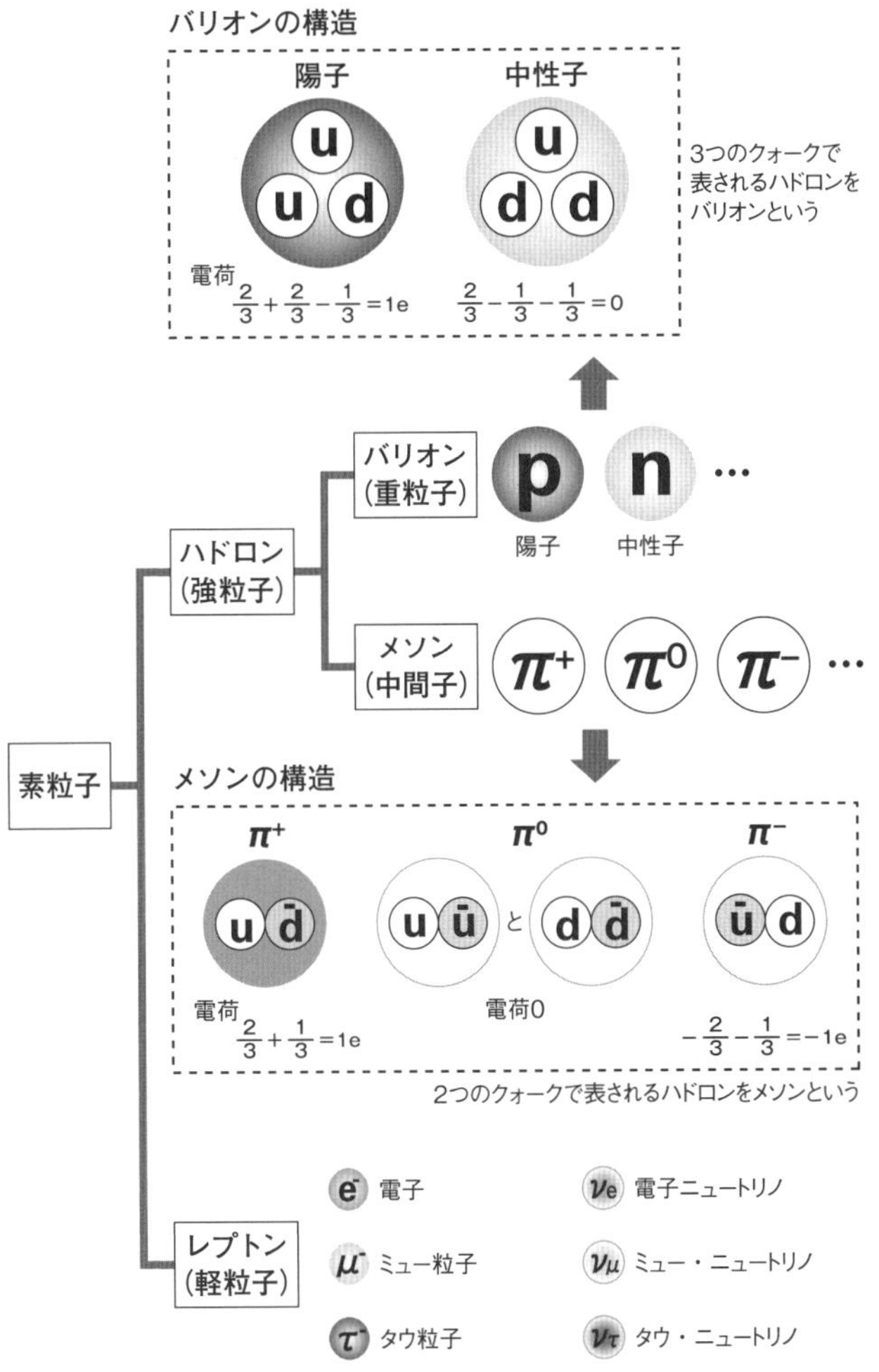
バリオンの構造
陽子
u
u d
中性子
u
d d
3つのクォークで表されるハドロンをバリオンという
電荷
$\frac{2}{3}+\frac{2}{3}-\frac{1}{3}=1e$
$\frac{2}{3}-\frac{1}{3}-\frac{1}{3}=0$
素粒子
ハドロン（強粒子）
バリオン（重粒子）
p
n
…
陽子
中性子
メソン（中間子）
π^+
π^0
π^-
…
メソンの構造
π^+
u $\bar{d}$
π^0
u $\bar{u}$
と
d $\bar{d}$
π^-
$\bar{u}$ d
電荷
$\frac{2}{3}+\frac{1}{3}=1e$
電荷0
$-\frac{2}{3}-\frac{1}{3}=-1e$
2つのクォークで表されるハドロンをメソンという
レプトン（軽粒子）
e^- 電子
ν_e 電子ニュートリノ
μ^- ミュー粒子
ν_μ ミュー・ニュートリノ
τ^- タウ粒子
ν_τ タウ・ニュートリノ

このように、初期にわかっていた3種の素粒子、「陽子・中性子、パイ中間子、電子」のエネルギー（質量）を比べてみると、それらが、重粒子、中間子、軽粒子とよばれている理由がわかるでしょう。

右にのべた例からもわかるように、3分の1電荷を基礎とするクォークから整数電荷のハドロンをつくるためには、クォーク3個またはクォーク・反クォークを結合させればよいことになります。

さて、初期のクォークモデルには、3種のクォークしか想定されていませんでしたが、その後さらに、新しく3種のクォークが発見されました。しかし、それはたやすいことではありませんでした。1970年代には、第4、第5のクォーク、チャームクォーク、ボトムクォークが発見され、つぎの目標は、最後の（6番目の）クォーク、トップクォーク（以下トップ）の発見でした。未知の世界を観測するためには、加速器のエネルギーは高いほど効果的です。世界の高エネルギー物理学者たちは、トップの発見を目指してしのぎを削っていました。

トップ発見への一番乗りを目指して、最初は西ドイツ（当時）が、つぎに日本のトリスタンが、さらには米国のスタンフォード大学やセルンが挑戦しましたが成しとげられず、アメリカのテバトロンが発見の栄誉を手にしました。

日本のトリスタン計画は、１９８１年にスタートしました。筑波の高エネルギー研究所で、電子・陽電子衝突型加速器「トリスタン」を建設することになったのです。電子と陽電子ビームのエネルギーは、当時、世界最高の25 GeV（全エネルギー50 GeV）で、当時私が所属していた東京都立大学グループも大学院生とともに実験研究に参加しました。実験は１９９５年度に終了しましたが、残念ながらトップを発見することができませんでした。

１９９５年、テバトロンが発見したトップは、その質量は１７５GeVという超重粒子。それまでのどの加速器もエネルギー不足で、こんなに重い粒子を生成できなかったのです。トップ発見の立役者テバトロンも今は引退を余儀なくされ、セルンでは、テバトロンを５倍以上も上回る超巨大加速器ＬＨＣが稼動しています。

さて、６種のクォークが出そろいましたが、これらのクォークはたがいにまったく関係なく存在するのではなく、性質の似かよっている二つずつを、「ｕ・ｄ」「ｃ・ｓ」「ｔ・ｂ」のように組にして考え、順に、第1世代、第2世代、第3世代とよびます（図3-4）。クォークは、まるで人間家族のようではありませんか。これまでに発見されているハドロ

3-4 クォークの種類

世代	粒子	名称	電荷		反粒子	名称	電荷
第1世代	u	アップ・クォーク	$+\frac{2}{3}e$	⇨	$\bar{u}$	反アップ・クォーク	$-\frac{2}{3}e$
	d	ダウン・クォーク	$-\frac{1}{3}e$	⇨	$\bar{d}$	反ダウン・クォーク	$+\frac{1}{3}e$
第2世代	c	チャーム・クォーク	$+\frac{2}{3}e$	⇨	$\bar{c}$	反チャーム・クォーク	$-\frac{2}{3}e$
	s	ストレンジ・クォーク	$-\frac{1}{3}e$	⇨	$\bar{s}$	反ストレンジ・クォーク	$+\frac{1}{3}e$
第3世代	t	トップ・クォーク	$+\frac{2}{3}e$	⇨	$\bar{t}$	反トップ・クォーク	$-\frac{2}{3}e$
	b	ボトム・クォーク	$-\frac{1}{3}e$	⇨	$\bar{b}$	反ボトム・クォーク	$+\frac{1}{3}e$

3-5 レプトンの種類

世代	粒子	名称	電荷		反粒子	名称	電荷
第1世代	e^-	電子	$-1e$	⇨	e^+	陽電子	$+1e$
	ν_e	電子ニュートリノ	0	⇨	$\bar{\nu}_e$	反電子ニュートリノ	0
第2世代	μ^-	ミュー粒子	$-1e$	⇨	μ^+	反ミュー粒子	$+1e$
	ν_μ	ミュー・ニュートリノ	0	⇨	$\bar{\nu}_\mu$	反ミュー・ニュートリノ	0
第3世代	τ^-	タウ粒子	$-1e$	⇨	τ^+	反タウ粒子	$+1e$
	ν_τ	タウ・ニュートリノ	0	⇨	$\bar{\nu}_\tau$	反タウ・ニュートリノ	0

ンの数は３００個は下らないでしょうが、これらのハドロンはすべて、６種類のクォークによってうまく記述することができます。

一方、軽い粒子レプトンには、電荷をもつ３種の粒子、電子、ミュー粒子、タウ粒子、および、それらと対になってつくられる３種のニュートリノがあります（**図３－５**）。６種類のレプトンもまた、性質の似ている二つずつを対にして、３種の組み合わせ（第１、第２、第３世代）をつくることができます。

自然界には「４つの力」がある

さて、第２章では電磁力を説明しましたが、それは、電子を原子核のまわりに束縛する力のことでした。ところで、原子核という狭い領域のなかで核子（陽子と中性子）同士は固く結合していて、さらにその核子の中には、３粒のクォークが束縛されています。このような原子と原子核のしくみを見比べると、核子やクォークに働く力は、電磁力に比べてはるかに強いことが推測されます。

まさしくその通り！

この力は、電磁力の約１００倍の強さをもち、「強い力」とよばれています。強い力は、クォークを閉じ込める力であり、電子やニュートリノなどのレプトンには作用しません。

自然界には、電磁力、強い力のほかに、弱い力、そしてよく知られている重力があります。以下、これらの基本的な力の性質を調べてみましょう（**図3-6**）。

一般に、力には「強さ」と「到達距離（作用範囲）」という二つの属性があります。マクロの世界では、力が強ければ、遠くまでボールを投げられるので、力の「強さ」と「到達距離」は関係があると思いがちですが、そうではありません。二つの概念は、それぞれが固有の意義をもっています。４つの力の強さの目安と、到達距離も図にまとめてあります。

電磁力は、ミクロの世界ばかりでなく、マクロの世界にも顔を出します。磁石や雷などは、電磁力の現れです。このことからもわかるように、電磁力の到達距離は無限に長いのです。

他方、強い力は、電磁力に比べて１００倍ほど強いのですが、その到達距離は、ハドロンの大きさ程度（10^{-15}メートル）です。強い力は、ハドロン内部のクォークには作用しますが、それより遠くに離れているクォークには影響を与えません。もし仮に、強い力が遠くまで影響をおよぼしたとしたら、物質はたがいに莫大な力で吸引し合うことになり、あらゆる物質はたちどころにくっついてしまって、今日見るような物質の世界はありえなかったで

3-6 自然界の４つの力

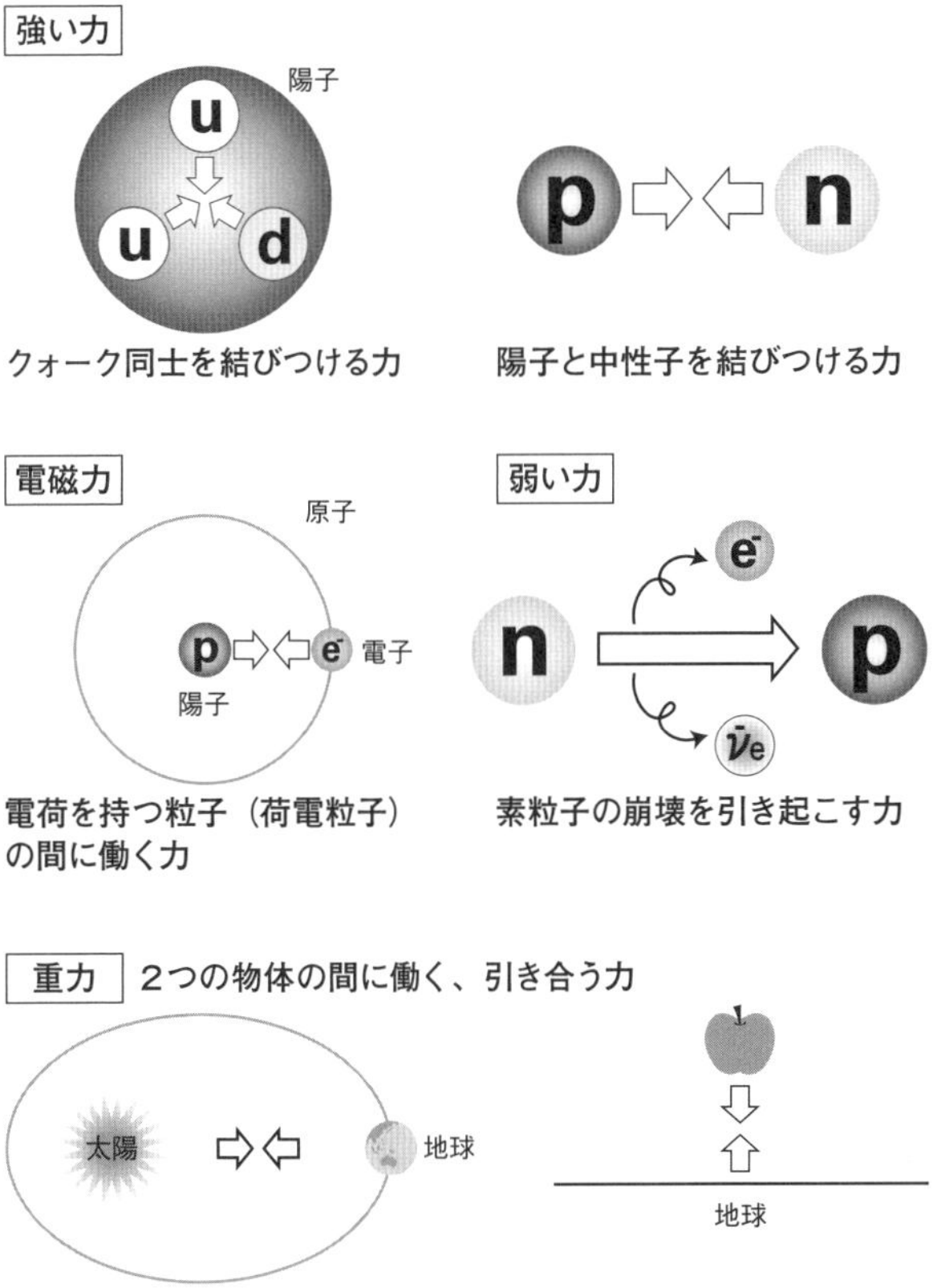

クォーク同士を結びつける力
陽子と中性子を結びつける力

電荷を持つ粒子（荷電粒子）の間に働く力

２つの物体の間に働く、引き合う力

力の種類	強い力	電磁力	弱い力	重力
相対的な力の強さ	0.2	10^{-2}	10^{-5}	10^{-39}
到達距離	10^{-15}m	無限大	10^{-18}m	無限大

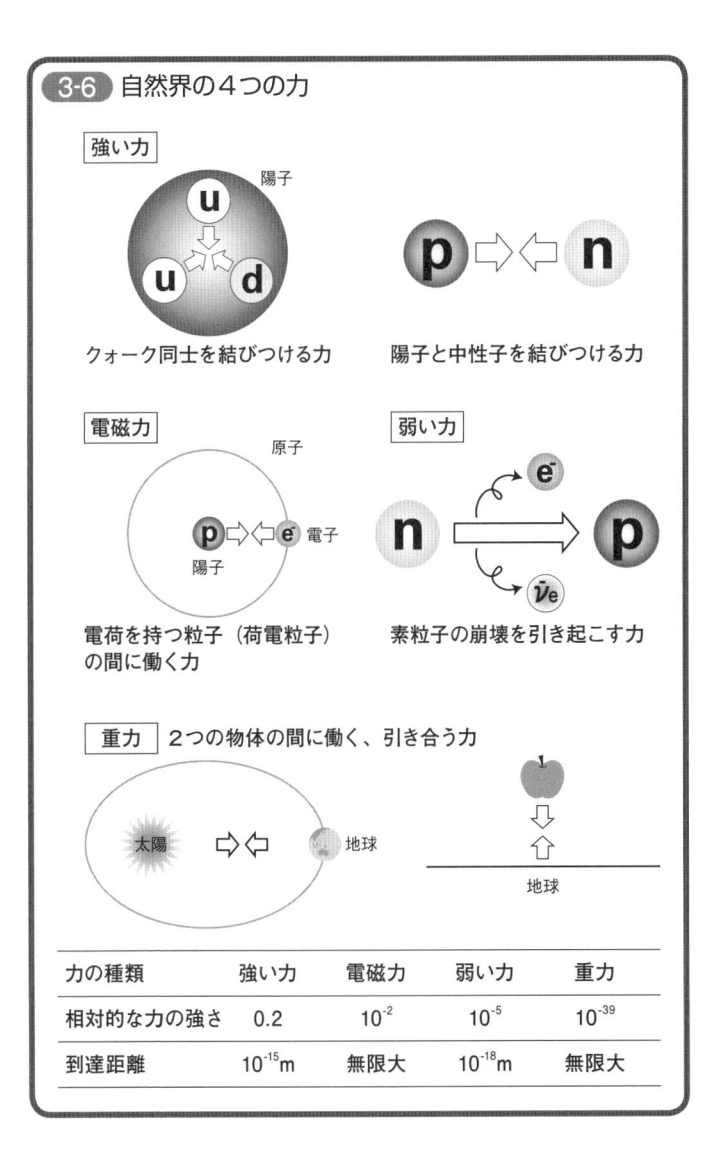

しょう。

電磁相互作用は、光子の交換によって引き起こされますが、強い相互作用もこれと同じしくみ、すなわち粒子交換によって理解することができます。強い相互作用を伝える交換粒子を「グルーオン」とよびます。グルー（glue）とは「のり」を意味しますが、グルーオンはクォークにべたべたくっついて、それをハドロンという狭い領域に束縛しています。

素粒子には、三番目の力、「弱い力」が働きます。これは、放射線崩壊を引き起こす力です。たとえばベータ（β）崩壊では、中性子（n）が陽子（p）に変換し、電子（e^-）と反電子ニュートリノ（$\bar{\nu}_e$）が放出されます。

$$n \rightarrow p + e^- + \bar{\nu}_e$$

中性子は物質中では安定ですが、単独では平均寿命15分で、このように崩壊してしまいます。もし力が働かなければ、中性子はそのままの状態を保ち続けるはずで、中性子nが陽子pに変わったことは、そこに何らかの力が作用したことを示しています。この力を、「弱い力」とよびます。

弱い力を伝えるウイークボソン

3-7 中性子のベータ崩壊

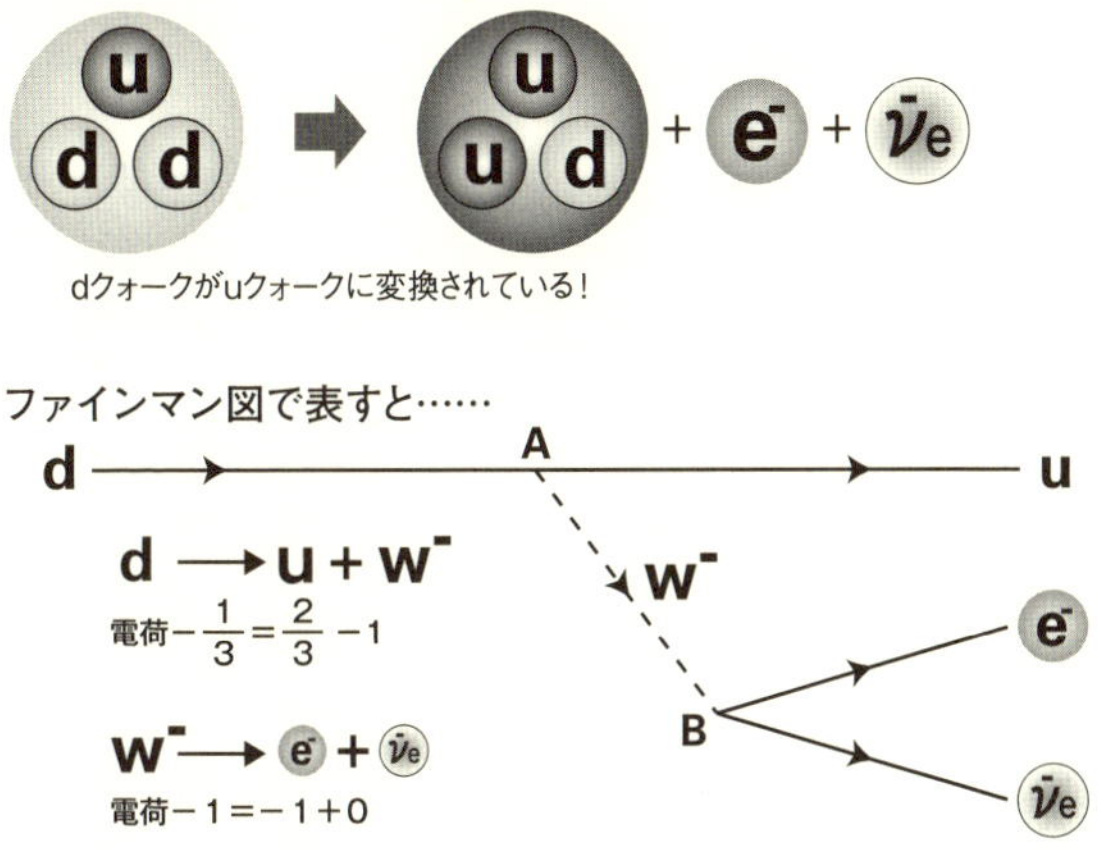

弱い力を伝える粒子が「ウイークボソン」です。ウイークボソンには、電荷をもつもの（W^+、W^-）、電荷ゼロのもの（Z^0）のように、3種類があります。

さて、ベータ崩壊をクォークで表すために、n＝（u・d・d）、p＝（u・u・d）として、両者に共通しているクォーク（u・d）を消去すると、

$$d \rightarrow u + e^- + \bar{\nu}_e$$

のようになります。ここで、ファインマン図を書きたいのですが、それには、この反応過程を二つの過程に分けて考えます。**図3-7**のように、まず、dクォークがuクォークに変わり、負電荷のウイークボソンW^-を放出します。つぎにこのウイー

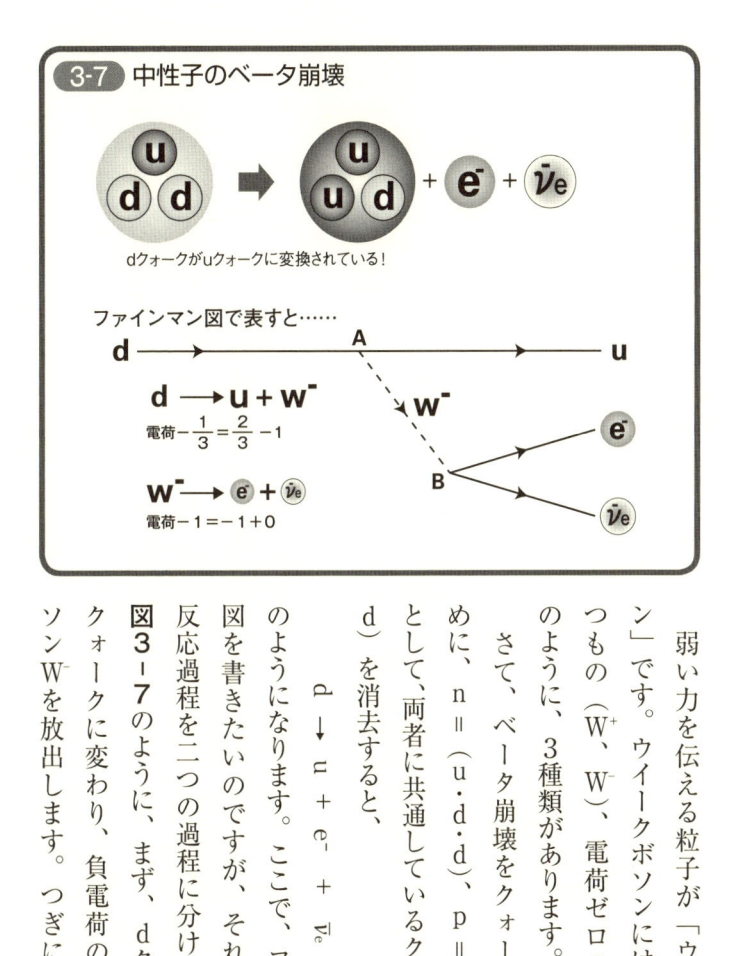

クボソンが電子と反電子ニュートリノに崩壊します。この二つの過程をまとめると、ベータ崩壊のファインマン図ができあがります。

弱い力の到達距離は、強い力の１０００分の１、すなわち、10^{-18}メートルです。ベータ崩壊で中性子nが陽子pになることは、原子量が一つ増えること、すなわち、元素の種類が変わることを意味しています。もし弱い力がもっと長い到達距離をもっていたとしたら、物質はつぎつぎに姿を変えてしまい、今日のような安定な世界は発生しなかったに違いありません。

力の強さの目安は、強い力の強さを1とすると、電磁力は約１００分の１、弱い力は約10万分の1です。これら3種の力とともに、もう一つ、私たちにもっともなじみが深い重力がありますが、それは10^{-39}と桁外《けたはず》れに弱いので、通常素粒子物理学では無視することができます。

3　異なる事象の統一的理解を目指して

物質の素材と物質に作用する3種の力

クォークとレプトンは質量をもち、物質をつくる素材になりうるので、これを「物質粒子」と総称します。現実の安定な物質では、u、dクォークからハドロンの一種である核子（陽子と中性子）が構成され、その核子と電子から原子ができています。しかし、他のクォークもまた、短寿命のハドロンをつくることができます。このように考えると、クォークとレプトンは、広い意味で物質の素材とみなせることが理解できるでしょう。

物質は、つまるところ、クォークとレプトンという素材と、それに作用する3種の力（強い力、電磁力、弱い力）からなることがわかりました。よくよく考えてみると、「素材と力」というミクロの世界のしくみは、それほど特殊なものではないようにも思われます。たとえば、家をつくる場合、柱、瓦、レンガなど家の素材は、ボルト、釘、セメントなどで力を加え結合されているではありませんか……。

3種の力（強い力、電磁力、弱い力）は、それぞれ、グルーオン、光子（フォトン）、ウイークボソンの交換によって伝えられます。これら3種の粒子は、強い力の場、電磁力の場、弱い力の場を表し、「ゲージ粒子」とよばれます。この名称は、3種の相互作用を記述する理論、「ゲージ理論」に由来しています。それは、ゲージ不変性という基本原理の上に構築されている素粒子の基礎理論です。

物質の世界は、素材としての「物質粒子（クォークとレプトン）」と、力を伝達する「ゲージ粒子（光子、グルーオン、ウイークボソン）」からなることがわかりました。

これまでにみてきたように、素粒子実験は、強い相互作用、弱い相互作用についても、多くの知見を集積してきました。このことは、電磁相互作用を記述する初期の量子力学が、抜本的に改革されなければならないことを意味しています。新しい量子力学には、電磁力とともに、強い力、弱い力を含む3種の力を系統的に記述する高度な能力が要求されるからです。このような理論を発見し、多様な自然の姿を統一的に理解しようとすれば、自然の根底にひそむ、より基本的なしくみを暴《あば》き出す必要があります。いまや量子力学は、大きく飛躍しなければならないのです。

基礎理論統一への道

ところで、近代科学の歴史をひもといてみると、そこには幾度かの飛躍があること、そしてその背後には、「異なる現象の統一的理解」という共通したしくみがあることに気づきます。この点に注目しながら、４００年にわたる基礎物理学の道筋を追ってみましょう（図3-8）。

ギリシャ時代、アリストテレスは、地上の物体と天体の運動とは異なる法則によって支配されていると考えました。一見したところ、太陽のまわりを規則正しくめぐってゆく天体（惑星）の運動と地上の物体の複雑な運動とは、まるで違っているように思われます。

アリストテレスから約２０００年後、ニュートンは、これら2種類の運動について、その普遍的な性質を「万有引力」という法則でまとめ上げました。それはさらに２００年後、アインシュタインによって、もう一つの統一へと発展しました。彼は一般相対性理論の中で、空間と時間の統一に成功し、マクロの重力理論を完成させました。

磁石が鉄などの金属を吸いつけること、そして異なる物質の摩擦《まさつ》によって発生する「摩擦電気」もまた非金属を吸引することは、古くから知られていました。

3-8 基礎理論統一への歩み

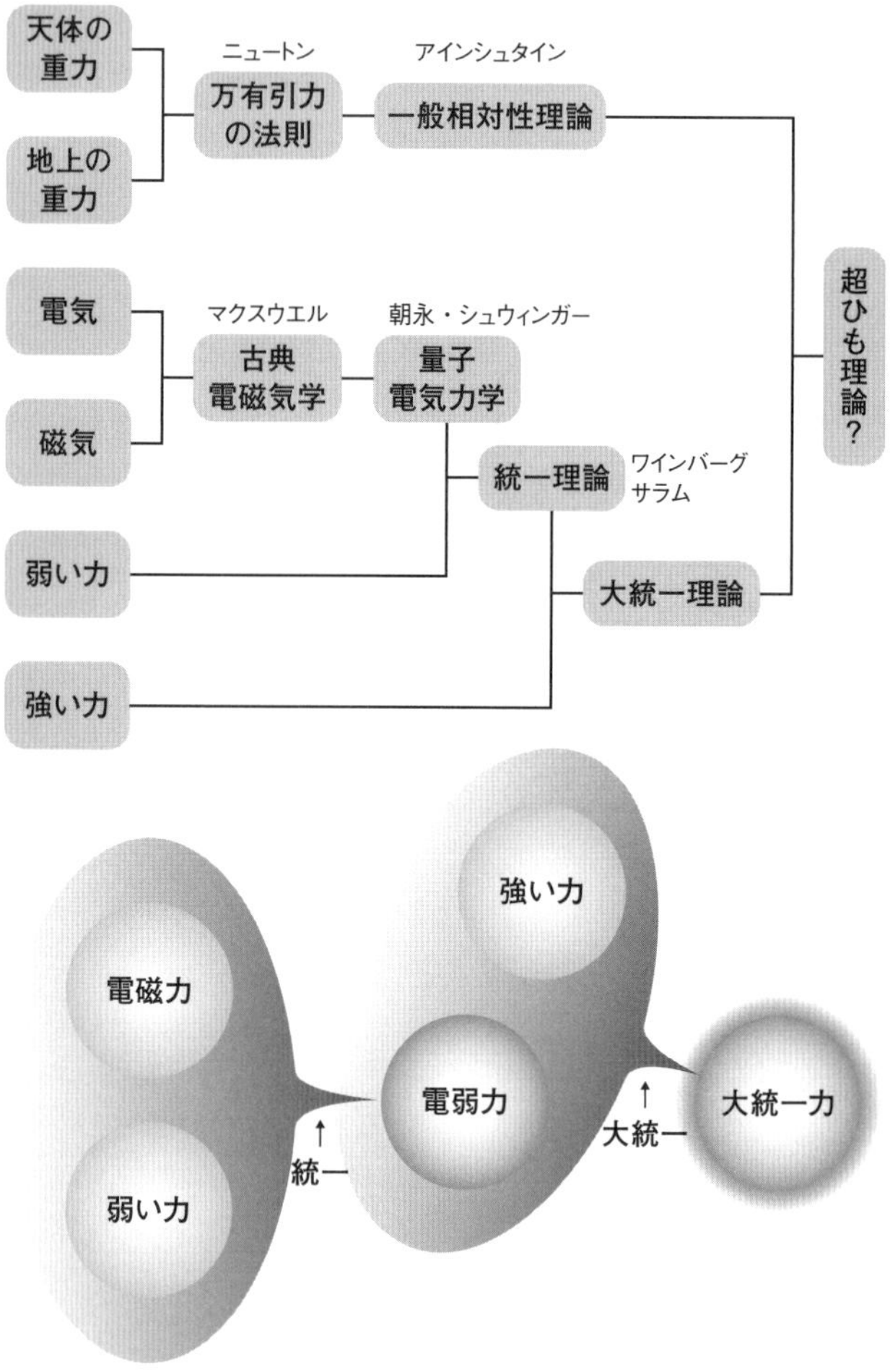

天体の重力
地上の重力
ニュートン
万有引力の法則
アインシュタイン
一般相対性理論
電気
磁気
マクスウエル
古典電磁気学
朝永・シュウィンガー
量子電気力学
統一理論
ワインバーグ
サラム
弱い力
強い力
大統一理論
超ひも理論？
強い力
電磁力
弱い力
電弱力
大統一力
↑
統一
↑
大統一

似ているようでもあり、違っているようにもみえる磁気と電気の現象。１８３１年、イギリスのファラデーは、磁気から電気が生じる「電磁誘導」の現象を発見しました。19世紀の終わり、マクスウエルは、電気と磁気がまったく別物ではなく、統一的に理解できることを示しました。こうして完成したマクロの世界の「古典電磁気学」は、朝永・シュウィンガーにより、ミクロの電磁現象を記述する「量子電気力学」へと拡張されました。ただし、この場合の統一とは、あくまでも一つの力が原因となって発生する二つの現象（電気と磁気の現象）を統一的に理解するということでした。

自然界の基本原理を記述するゲージ理論

まったく性質の違った異なる力を一つの理論で記述するという新しい発想に、はじめて取り組んだ人はアインシュタインでした。彼は、「統一場理論」の中で、重力と電磁力を融合させるという野心的な試みに挑戦しましたが、結果は失敗に終わっています。その発想が現実のものとなるためには、20世紀後半まで待たなければなりませんでした。

統一場理論は失敗しましたが、基礎理論の「統一」という発想は受けつがれました。３人の理論物理学者、S・ワインバーグ（１９３３～）、A・サラム（１９２６～１９９６）、S・

グラショウ（1932〜）は、光子とウイークボソンの驚くべき類似性に注目し、こう予測しました。アインシュタインは、マクロの世界における重力と電磁力を統一しようとしたが、統一の正しいやり方は、ミクロの世界で（量子力学によって）電磁力と弱い力についてなされるべきではないか、と。

電磁相互作用と弱い相互作用を一本化する理論を「統一理論」とよびます（統一場理論ではないことに注意）。

統一理論の基礎となっている原理を、「ゲージ対称性」とよびます。ゲージとは尺度や寸法を意味します。古典電磁気学に登場するマクスウエル方程式は、電場や磁場で書かれていますが、これらの量に別の量を付け加えるという操作を行っても、方程式の形は変わりません。これは、ちょうどものさしの尺度（ゲージ）を変えることに対応しているので、「ゲージ変換」とよびます。ゲージ変換に対して理論が形を変えないことを、「ゲージ対称性」が成り立つといい、そのような理論を「ゲージ理論」とよびます。

「ゲージ対称性」は、自然界のもっとも基本的な原理と考えられ、素粒子の基礎理論が満たすべき指導原理です。マクスウエルの古典電磁気学は、最初に発見されたゲージ理論なのです。このことは、マクスウエル理論が、より進んだ理論を構築するときの基礎となりうることを示唆しています。事実、ディラックの相対論的な量子力学は、マクスウェル方程式から出発して構築されています。

ゲージを変えるというきわめて一般的な操作が重要な意味をもつことは、ゲージ対称性を要請することによって、つぎのような基本的な結果がみちびかれることからも予想することができます。

①電荷（荷量）はどんな過程においても保存され、増えたり減ったりすることはない。

②力を伝えるゲージ粒子（光子、ウイークボソン、グルオン）の質量はゼロでなければならない。

そこでまず、電磁相互作用において、二つの結果がどのように成り立っているかを、具体的にみてみましょう（**図3-9**）。

図は電子とuクォークの電磁相互作用（弾性散乱）のファインマン図を示しています。この反応の始状態（反応式の左辺）と終状態の電荷はともに、マイナス3分の1で変わりませんから、電荷の総量は変化しないという条件①は満たされています。また交換される光子の質量はゼロですから、条件②も成り立っており、したがってゲージ不変性は厳密に成り立っているといえます。

3-9 電磁力とゲージ対称性

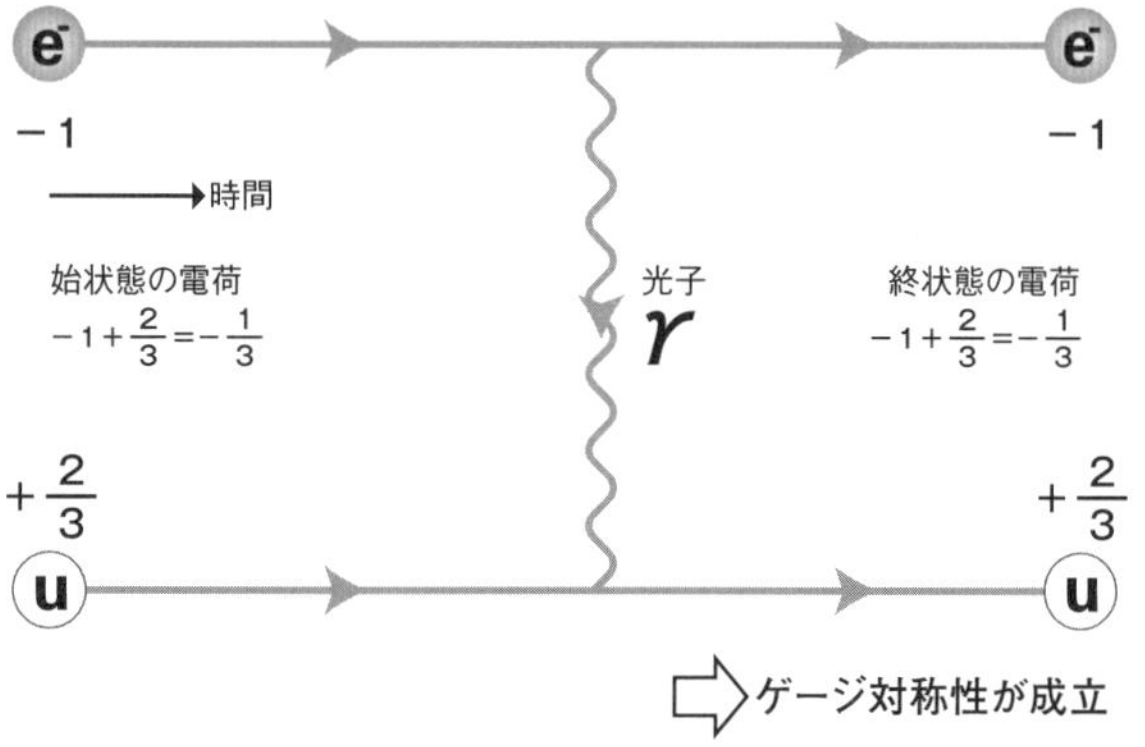

3-10 弱い力とゲージ対称性

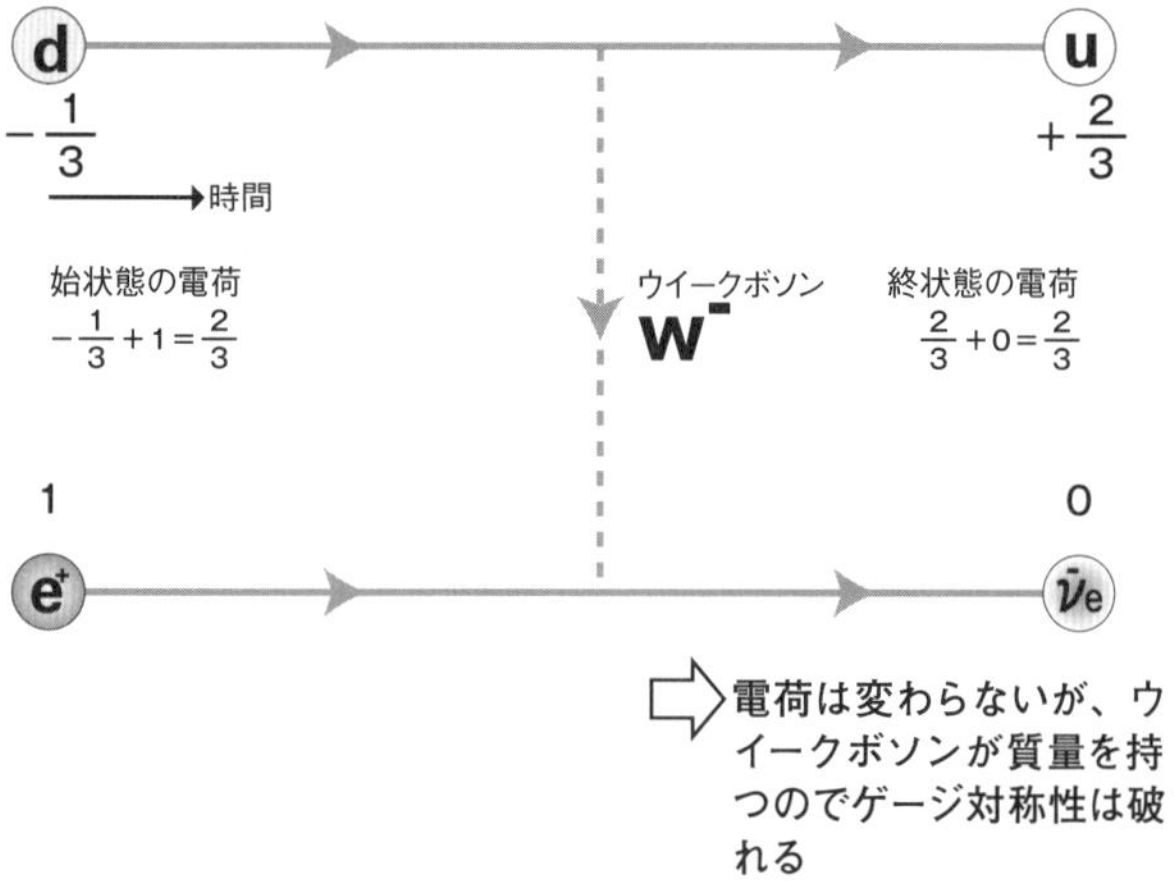

では、弱い相互作用はどうでしょう（図3－10）。ベータ崩壊でも見たように、弱い相互作用のゲージ粒子はウイークボソンです。ここで問題になるのは、光子とは違って、ウイークボソン（W^+、W^-、Z^0）が大きな質量をもつことです。弱い力の到達距離は10^{-18}メートルと短く、このことは、ウイークボソンが大きな質量をもつことを予想させます。これは明らかに前記の結果②に反することになり、このままでは、弱い相互作用はゲージ対称性を破ってしまうことになります。ゲージ原理を基礎にして、電磁相互作用と弱い相互作用を統一的に記述しようとするならば、この点を何とかして解決しなければなりません。

4　「ゲージ対称性の自発的破れ」とは

対称性は隠されている

　ウイークボソンが質量をもったまま、しかも、ゲージ対称性を破りたくない――この願望は、虫がよすぎるのでしょうか。

　ワインバーグとサラムは、この困難な命題に挑戦しました。そして、「ゲージ対称性の自発的破れ」とよばれる巧妙なメカニズムを利用して、この困難を救いました。それは、ゲージ対称性をでたらめに破るのではなく、〝自発的〟に破るのです。

　ここで、以下の議論のために、対称性について簡単に説明しておきます。実生活では左右対称性がよく使われますが、物理学ではこれをさまざまな現象に拡張して用いています。

　話を簡単にするために、平面上に円を想定し、この円を中心のまわりに回転させてみましょう。すると、どのように回転しても、円という図形は変化しません。これを、円は中心に関して回転対称であるといいます。つまり、中心からみたとき、円を乗せている空間

（この場合は平面）は特別な方向をもちません。このような空間を、対称な空間といいます。対称な空間は、回転によって形を変えませんから、不変な空間と表現してもよいでしょう。このような例からもわかるように、対称性は不変性と同じ意味をもっています。

これに対して、正方形の場合は、もとの形にもどるのは、中心に対して90度の回転という特別な場合に限られます。このことから、円は正方形よりも高い対称性をもつことがわかります。

磁石を例にとって、対称性について考えてみましょう**（図3－11）**。棒磁石の両端には、N極とS極があります。これを微視的に見ると、小さな棒磁石（N・Sの対）が、ある方向にそろって並んでいます。この磁石を高温に熱すると、小磁石はランダムな熱運動のために乱され、全体として磁石ではなくなってしまいます。小磁石はばらばらな方向を向いているので、円と同じように、空間は特別な方向をもたないこと、すなわち、対称な空間が実現していることがわかります。

ここで温度を下げていくと、小磁石の一つが突然何かのきっかけ――たとえば、外部の磁場など――である方向を向くことがあります。すると、その小磁石と他の小磁石のあいだに平行になろうとする力が働き、すべての小磁石が一方向に整列します。ふたたび棒磁石ができたのです。これは、ランダムな方向を向いていた小磁石が特別な方向を選んだのですから、空間の対称性が破れたことを意味します。

しかし、このことによって対称性が失われたわけではありません。磁石を熱すれば、再び小磁石はランダムな分布となり、対称性を取り戻すことができるからです。対称性は破れたのではなく、覆い隠されただけなのです。これを「自発的対称性の破れ」といいます。

さて、この巧妙なしくみをゲージ理論に適用してみましょう。

まずはじめに、ウイークボソンが質量をもたないような世界、つまり、ゲージ対称性（不変性）が厳密に成り立っている世界を想定します。そしてとりあえず、このような〝理想の世界〟において、ゲージ理論によって電磁相互作用と弱い相互作用を統一的に記述します。もちろん、条件①、②は厳密に満たされています。つぎに、ゲージ対称性を自発的に破りつつ、理論を〝現実の世界〟に引きもどします。これは、いうまでもなく「ゲージ対称性を隠すこと」なのですが、ともかくゲージ対称性を要求しないのであれば、ウイークボソンは質量を獲得することができます。このような自発的破れのしくみを「ヒッグス機構」とよびます。これは、素粒子に質量を与えるしくみで、１９６４年、エディンバラ大学のＰ・Ｗ・ヒッグス（１９２９〜）によって提唱されました。ヒッグス機構から、新しい

3-11 対称性と対称性の破れ

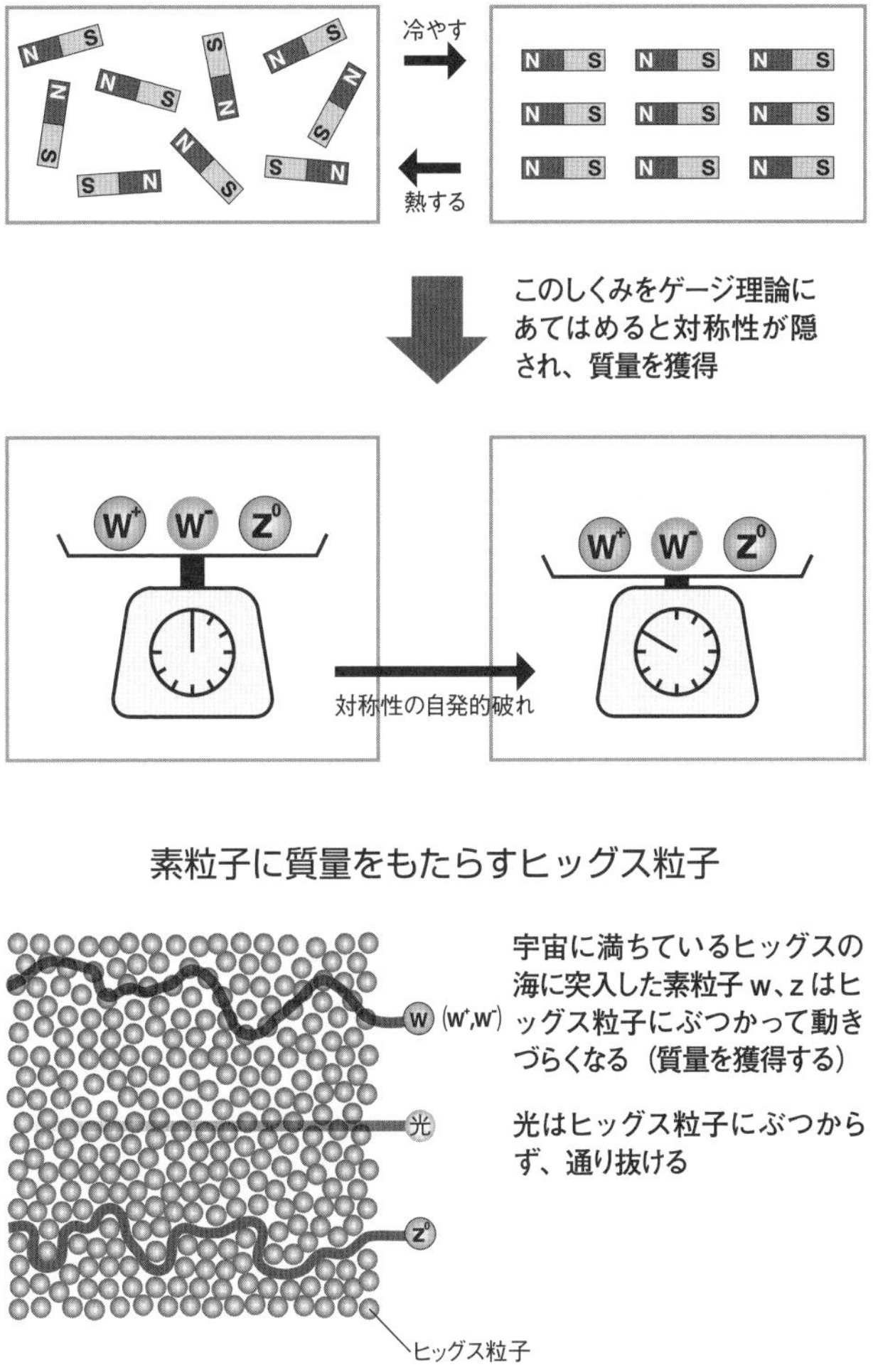
冷やす
熱する
N
S
このしくみをゲージ理論にあてはめると対称性が隠され、質量を獲得
W+
W-
Z0
対称性の自発的破れ
素粒子に質量をもたらすヒッグス粒子
W (W+,W-)
光
Z0
ヒッグス粒子
宇宙に満ちているヒッグスの海に突入した素粒子 W、Z はヒッグス粒子にぶつかって動きづらくなる（質量を獲得する）
光はヒッグス粒子にぶつからず、通り抜ける

素粒子「ヒッグス粒子」が予測されますが、その発見は素粒子物理学の最大の課題の一つです。

磁石の例からもわかるように、高い温度で成り立っていた対称性は温度が低くなると破れてしまいます。温度とエネルギーは関係していますから、温度に代わってエネルギーを考えれば、同じように議論を進めることができます。つまり、真空が、ウイークボソンの質量（約90 GeV）より高いエネルギーをもつときには、ゲージ対称性が成り立っており、ウイークボソンは質量ゼロの光子と同じようにふるまいます。

では、真空がこのように高い温度（エネルギー）をもつのは、どのようなときでしょう?それは、宇宙初期です。その後、宇宙は膨張し、冷えてきましたが、それにともなってウイークボソンが質量を獲得したのです。現在の宇宙（真空）の温度は、**絶対温度**で２・７Ｋですが、その温度は、摂氏約マイナス２７０℃という冷たい世界です。もちろん、そこでは、ゲージ対称性は大きく破れています。

ワインバーグとサラムの統一理論

ワインバーグとサラムは、ヒッグス機構を利用して、「統一理論」を構築しました。す

絶対温度
気体の熱膨張から決められた温度で「Ｋ」の記号で表す。摂氏温度に２７３を加えて求められる。

なわち、クォークとレプトンの電磁相互作用と弱い相互作用を、ゲージ理論とヒッグス機構により定式化したのです。１０００倍ほど強さの違う電磁相互作用と弱い相互作用は、真空のエネルギーが90 GeV（ウイークボソンの質量）以上の領域では、それぞれが、「原始の電磁力」「原始の弱い力」として、ほぼ同じ程度の強さをもち、一つの理論の枠組みの中で扱われています。そこでは、二つの力、電磁力と弱い力は、「電弱力」として統合されています。

ワインバーグとサラムの統一理論は、ニュートリノや電子が関係する弱い相互作用の実験結果を矛盾なく説明することができます。二人は、弱い相互作用の研究に貢献したS・グラショウとともに、１９７９年、ノーベル物理学賞を受賞しました。

ヒッグス機構の導入によって、ウイークボソンの質量が、ゲージ不変性に矛盾することなく説明されました。次になすべき仕事は、ウイークボソンの質量を決定し、統一理論との整合性を実証することです。

核子（陽子と中性子）は、原子核という小さな領域の中に、固く束縛されています。この束縛力を核力とよびます。

まだクォークもグルーオンもわかっていなかった１９３５年、理論物理学者・湯川秀樹

（１９０７〜１９８１）は、陽子と中性子の間には，パイ中間子が交換して強い力が発生することを予言しました。１９４７年、Ｓ・パウエル（１９０３〜１９６９）らは、電荷をもつパイ中間子を観測し、湯川理論が正しいことを実証しました、１９４９年に湯川秀樹が、１９５０年にはパウエルが、ノーベル物理学賞を受賞しました。

陽子と中性子は、パイメソン（質量は約１４０MeV）が交換して核力を及ぼすことによって、原子核のなかに束縛されています。弱い力の到達距離は核力に比べてずっと短いのですが、このことは、ウイークボソンがパイメソンの質量よりはるかに大きな質量をもつことを予想させます。このため、ウイークボソンを生成し観測するためには、大きなエネルギーの素粒子を発生する加速器が必要でした。１９８０年以前の、ウイークボソンを観測しようとした実験は、ことごとく失敗に終わっていますが、それは、当時の加速器のエネルギーが不足していたからなのです。

ウイークボソンが見つかった

セルンでは、１９７６年から、ＳＰＳ（Super Proton Synchrotron）とよぶ大型加速器（周長約７キロメートル）が稼働しており、陽子は４００GeVまで加速されました。この加速器を改造し、反陽子（陽子と同じ質量をもち電荷がマイナスの粒子）を導入し、陽子と反対方向に加速する計画がもち上がりました。同じ速度（運動エネルギー）をもつ陽子と反陽子を正面衝突させると、２種の粒子は消滅し、それらがもっていたエネルギーが放出されます。これを消滅反応とよびます。いま考えている消滅反応は、次のように表すことができます。

陽子　＋　反陽子　→　エネルギー

ここで、第３章１「素粒子の質量」の議論を思い出してください。エネルギーと質量とは、たがいに転化するので、消滅反応で発生したエネルギーを使って、未知の素粒子を生成することができるはずです。これは右記の逆反応です。すなわち

エネルギー　→　新粒子の生成

この原理を利用して、セルンでは、統一理論が予想する新しい素粒子、ウイークボソンをつくり出し、それを観測するために、ＳＰＳの改造計画が進められました。

セルンの陽子・反陽子ビーム衝突型加速器には強敵がいました。アメリカ・シカゴの郊外にあるフェルミ研究所でも、同じタイプの加速器が、１９８５年の稼働開始に向けて建設されていたのです。この加速器では、陽子ビームのエネルギーは１TeV（１０００

GeV）として設計されており、「テバトロン」とよばれていました。もしテバトロンが、陽子・反陽子ビーム衝突型加速器に生まれ変われば、セルンの4倍のエネルギー（全エネルギー2TeV）が発生し、ウイークボソンの発見には格段に有利になります。ですから、セルンでの実験は、急ぐ必要がありました。

実験は順調に進み、1983年1月には、電荷をもつウイークボソン（W^+、W^-）が発見され、2カ月後には中性ウイークボソンZ^0も観測されました。1984年、実験グループのリーダー、C・ルビアと加速器のリーダー、S・ファンデルメールは、「弱い相互作用を媒介する場の素粒子（ウィークボソン）の発見を導いた巨大プロジェクトへの貢献」によって、ノーベル物理学賞を受賞しました。これは、史上、発見から受賞までが最も短いノーベル賞受賞でした。ウイークボソンの重要性は、万人が認めていたのです！

5　現代物理学の課題

ヒッグス粒子は見つかるか？

物理学の基礎理論は、それが普遍的であるためには仮定をもち込まず、客観的な事実に根拠をおくものでなければなりません。統一理論が基礎理論として確立するうえで、ウイークボソンは必要不可欠なものであり、その存在が実証される必要がありました。過去1世紀以上にわたって、物理学者は、電子にしろ、陽子・中性子にしろ、それらを単独で物質から引き出し、観測してきましたが、そのことによって、確固とした原子像を描くことができるようになりました。ウイークボソンの発見も、新しい量子力学「統一理論」の信《しん》憑性《ぴょうせい》を一段と高めることになりました。

ここで少し先回りして、統一理論の舞台裏をのぞいておきましょう。すると、完璧と思われている統一理論にも、大きな課題がひそんでいることに気づきます。それは、質量獲得のために本質的な役割をはたしているヒッグス機構が想定されていることです。ヒッグス機構では、真空と同じ性質をもつヒッグス粒子が予言されています。ヒッグス粒子を観測することは、ヒッグス機構の検証として、さらには、統一理論の歩みを支持するものとして重要な意味をもちます。

これまで、ＳＰＳなど大型加速器が建設されると、かならずヒッグス探索が行われてきましたが、ヒッグスは姿を現しません。現在、セルンでは、ヒッグス粒子の観測を目標にして、周長27キロメートルのＬＨＣ（Large Hadron Collider）が稼働しており、ヒッグス粒子の有無について決着がつく日も近いと思われます。

クォークには色と香りがある

統一理論では、２種の異なる力、電磁相互作用と弱い相互作用が統合されています。二つの相互作用の強さには１０００倍ほどの差がありますが、統一理論では、両者はほぼ同じ強さとして扱われています。そこで、もう一歩突っ込んで、「力の強さとはどのように考えられるのか?」と問いかけてみましょう。

電磁相互作用の強さは、電子と光子の結合力の大きさで表され、それが単位電荷の大きさｅです。このことを表すために、電磁相互作用のファインマン図では、電子の線と交換する光子の結合点にeを添えます。電荷eのように、力の大きさを決める結合常数を「荷量」とよびます。重要なことは、電磁相互作用を決めるのは電荷であり、その電荷の担い手がどんな粒子であるのか——電子であるか陽子であるか——には関係がないということです。クォーク・レプトンの中で、3種のニュートリノだけは電荷をもたないので、電磁相互作用をしません。

電磁相互作用の荷量が電荷であるように、他の3つの相互作用にも固有の荷量があります。強い相互作用の荷量を「カラー荷」、弱い相互作用の荷量を「ウイーク荷」とよびます。ここでは、クォークの特異な性質と関連して、クォークに与えられた荷量「カラー荷」の性質を説明しましょう。

カラー荷は、光の3原色に対応して、「赤（R）、青（B）、緑（G）」という3種の物理量で表されます。カラー荷をもつことができるのはクォークだけであり、したがって強い相互作用はクォークだけに働きます。すべてのクォークは、R、B、Gいずれかの荷量をもっています。たとえば、uクォークは、uR、uB、uGというように区別され、6種類のクォークが一挙に18種類に増大したことになります（**図3-12**）。さらに、反クォークもまた、「反赤（$\bar{R}$）、反青（$\bar{B}$）、反緑（$\bar{G}$）」のカラー電荷をもっています。

クォークの種類（u、d、s、c、b、t）やレプトンの種類（e、ν_e、μ、ν_μ、τ、ν_τ）は、「フレーバー（香り）」とよばれます。つまり、クォークは6種類の香りと3種類の色をもっていますが、レプトンには6種類の香りはあっても色はありません。色と香り――素粒子物理学者はなかなか粋なことを考えるものです。クォークが何となく可愛らしい存在に思われてくるではありませんか。

カラー荷という名称は、クォークに色がついていることを意味するものではありません。われわれが見る色は、原子・分子から発生するものであり、クォークの性質とは無関係です。カラー荷は、それがちょうど光の3原色（赤・青・緑）と同じような性質をもつことに由来しています。つまり、光の3原色を混ぜ合わせると無色になりますが、R、B、Gにもそのような性質がそなわっているのです。

ここで、「われわれが観測できるのは、カラー無色の状態である」という前提をおいてみると、クォークの集合としてのハドロンのクォーク構造が、3個のクォークか、またはクォークと反クォークでなければならないことがごく自然に理解できます。たとえば、重粒子として陽子を考えると、uR、uB、dGというように、カラー無色の状態しか許されません。四つや二つのクォークでは、カラー無色の状態をつくることができないのです。

3-12 クォークのカラー荷

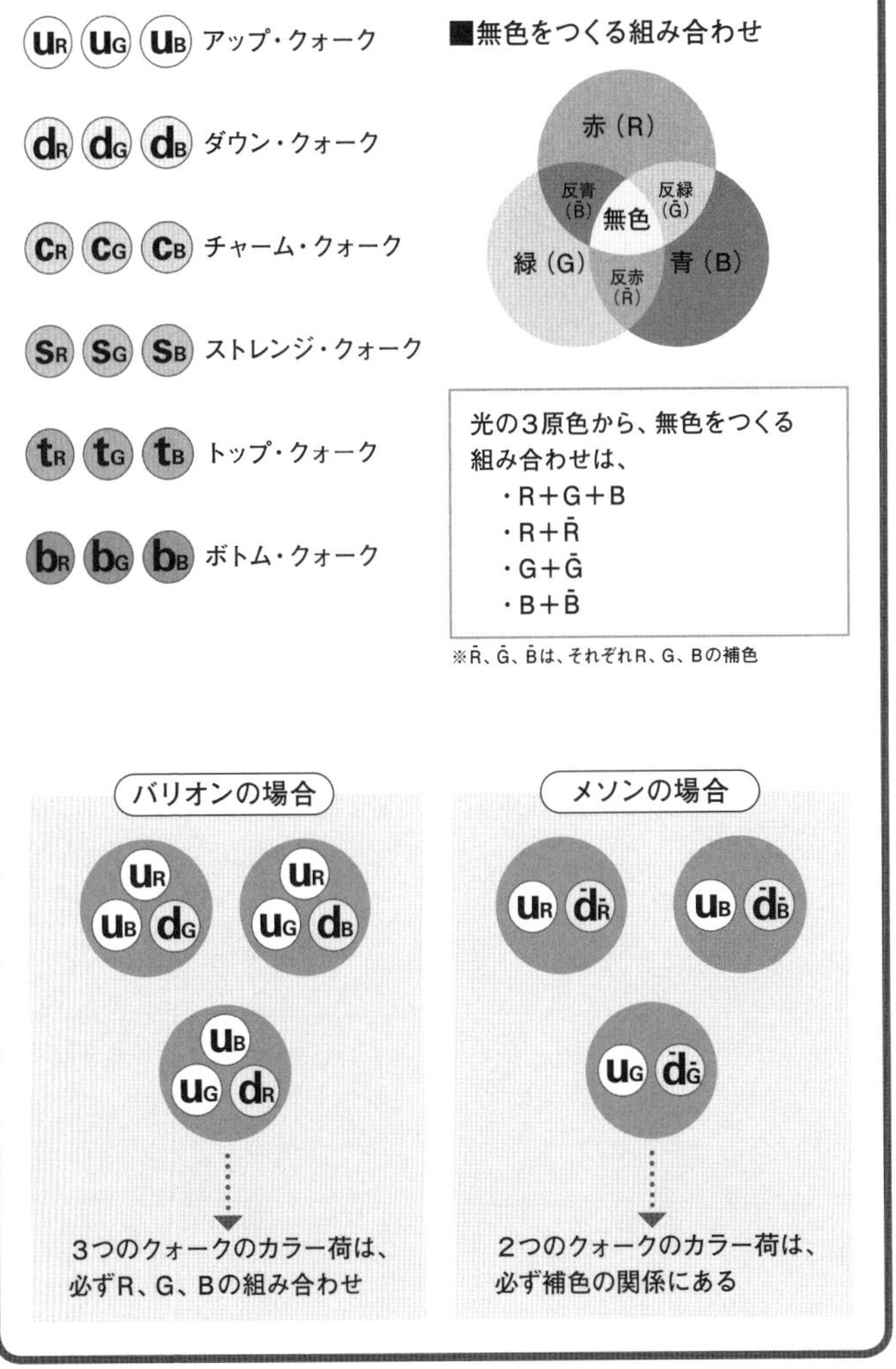
u_R u_G u_B アップ・クォーク
d_R d_G d_B ダウン・クォーク
c_R c_G c_B チャーム・クォーク
s_R s_G s_B ストレンジ・クォーク
t_R t_G t_B トップ・クォーク
b_R b_G b_B ボトム・クォーク
■無色をつくる組み合わせ
赤（R）
反青（$\bar{B}$）
反緑（$\bar{G}$）
無色
緑（G）
青（B）
反赤（$\bar{R}$）
光の3原色から、無色をつくる
組み合わせは、
・R＋G＋B
・R＋$\bar{R}$
・G＋$\bar{G}$
・B＋$\bar{B}$
※$\bar{R}$、$\bar{G}$、$\bar{B}$は、それぞれR、G、Bの補色
バリオンの場合
u_R u_B d_G
u_R u_G d_B
u_B u_G d_R
3つのクォークのカラー荷は、
必ずR、G、Bの組み合わせ
メソンの場合
u_R $\bar{d}_{\bar{R}}$
u_B $\bar{d}_{\bar{B}}$
u_G $\bar{d}_{\bar{G}}$
2つのクォークのカラー荷は、
必ず補色の関係にある

図3-12に示したように、クォークがカラー荷（R・B・G）をもつとき、反クォークは反カラー荷（$\overline{R}$・$\overline{B}$・$\overline{G}$）をもちます。個々のカラー荷に対して、カラー荷と反カラー荷はたがいに補色の関係にあり、その組み合わせ（R・$\overline{R}$）、（B・$\overline{B}$）、（G・$\overline{G}$）は無色になります。ハドロンのもう一つの構成粒子メソンは、クォークと反クォークからなっています。たとえば、π^+メソン（u・d）を考えると、カラー無色をつくる組み合わせは、（uR・$\overline{d}\overline{R}$）、（uB・$\overline{d}\overline{B}$）、（uG・$\overline{d}\overline{G}$）となります。こうして、カラー荷という物理量を通して、バリオン（3個のクォーク）とメソン（クォークと反クォーク）のクォーク構造が合理的に説明できることがわかりました。

大統一理論への戦略

電磁力と弱い力を統一的に記述することに成功した物理学者たちは、強い力も取り込んだ「大統一理論」をつくろうと目論みました。

素粒子は回転していますが、回転の度合いは、スピンとよぶ物理量で表されます。ゴルフでは、「スピンをかける」という言葉を聞くことがありますが、あれは、打ったボールがグリーン上で逆回転してもどってくることをさします。スケート競技でも、スピンは回転を表しています。

スピンについては、第4章2「フェルミ統計とボーズ統計」の項で詳しく説明しますが、ここでは、素粒子には、スピン半整数をもつものと、スピン整数をもつものがあることをのべておきます。

統一理論の中に現れるゲージ粒子、光子とウイークボソンは、ともにスピン1をもっています。強い相互作用をするゲージ粒子、グルーオンもまた、質量0で、スピン1をもっています。このような、光子、ウイークボソン、グルーオンの類似性に注目しつつ、ゲージ理論の枠組みの中で三つの相互作用を一本化したい、というのが物理学者たちの願いなのです。

ところで、荷量は変化しない、つまり、相互作用の大きさは常に一定というのがそれまでの常識でした。ところが、この常識がわずかではあるが破れていることがわかってきました。紙数に限りがあるので、くわしい理由は省き、結論だけを示します。

統一理論の領域、すなわち１００GeVのエネルギー領域では、三つの力の強さは、強い力、原始の弱い力、原始の電磁力の順になっています。そこで、エネルギーを上げていくと、微小な量ではありますが、原始の電磁力は少しずつ強くなり、強い力と原始の弱い力は弱くなっていきます。それならば、エネルギーをもっと高くしていけば、いずれ三つの力は同じ強さになるのではないか。もしそうならば、そのときこそ三つの力は真に統一されることになるのではないか。これこそ力の大統一であり、この理論を「大統一理論」とよびます。

たしかに、大統一理論からは、３種の力の一致が期待できそうです。しかし、大統一理論は、３種の力が同じ強さになるエネルギーが、電磁力と弱い力が統一されるエネルギー（１００GeV）の10兆倍（10^{13}）も高い、10^{15}GeVという超高エネルギーであることを予測します。今日、最高エネルギーを発生する加速器であるセルンのＬＨＣでも、発生するエネルギーは高々10^{4}GeVにとどまります。もし、10^{15}GeVのエネルギーをつくり出そうとすれば、加速器の半径は、太陽と地球間の距離の１０００倍にもなる！　これは、太陽系の大きさ（太陽・冥王星間の距離）の10倍以上、という気が遠くなるような距離なのです。

三つの力の統一という、大統一理論の予測を直接検証することはできそうにありません。では、大統一理論とは、まったく実験で検証することのできない、現実離れした理論なのでしょうか。

大統一理論の直接検証が無理ならば、からめ手でいこう、と物理学者は考えました。もし、１００GeV領域での超精密実験で、荷量のわずかな変化が観測できれば、大統一理論を用いてその値を10兆倍先の10^{15}GeVまで拡張し、はたしてそこで三つの力の強さが一致するかどうかを調べようというわけです。このことは、「言うは易くして行うは難し」の典型的な一例ということができます。それは、１００GeV領域での実験値を10^{15}GeVまで拡張したとき、測定誤差もまた莫大な値に拡大されてしまうからです。

　この予測を定量的に検証するために、低エネルギー領域の超精密実験が行われました。まず、セルンのＬＥＰ（Large Electron Positron Collider）を用いて、１００GeV領域で三つの力の強さが高い精度で決定されました。この値から出発して、10^{15}GeVまでの値を大統一理論によって算出すると、三つの力がほぼ一致しました。「ほぼ」というあいまいな表現を使ったことには、重大な意味がありますが、それは次章で説明することにしましょう。

第4章

「標準理論」を超えて

1　量子宇宙をかいま見る

初期宇宙で実現していた標準理論

宇宙は１４０億年前、大爆発（ビッグバン）とともに誕生し、膨張を続けてきました。今日の宇宙の温度は、宇宙空間を満たす光の温度（すなわちエネルギー）で決まります。その光は「背景輻射《ふくしゃ》」とよばれ、絶対温度で２・７Ｋ（摂氏で約マイナス２７０℃）。初期の火の玉宇宙は、１４０億年の膨張をへて、今ではすっかり冷えてしまいました。

宇宙が膨張しているとすれば、時間をさかのぼるにしたがって宇宙はどんどん小さくなり、それとともに温度（エネルギー）は上昇するはずです。つまり、開闢《かいびゃく》時の宇宙は、小さくて高温（高エネルギー）だったのです。そこは、原子、分子、さらに素粒子などが飛び交うミクロの世界でもありました。そして、そのような初期宇宙を理解するために、量子力学が登場します。19世紀以来、物理学が明らかにしてきたミクロの世界は、１４０億年の時空をさかのぼって、「量子宇宙（ミクロの宇宙）」として存在していたのです。

ここでもう一度、統一理論の考え方を思い出してみましょう。ヒッグス機構によって、ウイークボソンの質量（約１００GeV）を境に、ゲージ対称性が変化します。１００GeV以上の真空では、電磁力と弱い力は、「電弱力」とよぶべき状態に統合され、質量ゼロのウイークボソンが飛び回っていました。ところが、宇宙の膨張とともにエネルギーが低下すると、ゲージ対称性は破れ、ウイークボソンは質量を獲得します。つまり、「統一理論の世界」が崩れることになるのです。このような宇宙真空の変質を「真空の相転移」といいます。

相転移が起こったときの宇宙は、温度が10^{15}K（１０００兆K）、大きさが10^{7}キロメートル（地球と太陽の距離の約１５０分の１）。それは宇宙開闢後、わずか10^{-11}秒の出来事でした。

そこでさらにエネルギーを上げていくと、大統一理論が予想するように、10^{15}GeVで３種の力（電磁力、弱い力、強い力）が統合され、真空はより高次のゲージ対称性を獲得します。物理学者が標準理論（統一理論と大統一理論）の中で追い求めてきた力の統一は、宇宙の初期において実現しているのです。

水の相転移と対称性の破れ

身のまわりにみられる相転移の例として、「水の相転移」をみてみましょう。水は１００℃以上では水蒸気になっています。水蒸気は水の分子がランダムに運動している状態です。このとき、水蒸気は空間の特別な方向を選んではいませんから、空間は高い対称性をもっているということができます。温度を下げていくと液体の水となり、０℃以下ではきれいな六角形の結晶構造が現れます。このような結晶では中心軸の方向が特別な役割をもっており、その意味で、空間の対称性が破れたことになります。

水は分子構造（H_2O）を保ったまま、気体（気相）→液体（液相）→固体（固相）というように相転移を起こします。このように、温度が低下すると、高い対称性から低い対称性への転移、すなわち単純な状態（ガス）から複雑な状態（固まり）への相転移が起こることがわかります。

水の相転移に目を凝らすと、多くの示唆《しさ》を引き出すことができます。１００℃以上では、水蒸気は気体（気相）であり、１モル（質量は水の分子量18グラム）の体積は22・４リットル（２万２４００cc）。温度が下がって液相または固相の水になると、１モルの体積は約1ccと2万分の1以下になりますが、それだけ密度（1ccあたりの質量）が増加することになります。

水の相転移でみられる現象を、宇宙空間、すなわち真空に適用してみると、より高いエネルギーでは真空はさらに高次の対称性をもち、そのことによって力が統合されていくことがわかります。このような文脈から推定すれば、やがて4種の力「重力・強い力・電磁力・弱い力」が一本化する超高エネルギーの世界に到達するはずです。

宇宙原初のプランク世界へ

これまで重力は、星や銀河などのマクロの物体に働く力として、ニュートン力学や一般相対性理論によって研究されてきました。しかしながら、開闢時代の超ミクロの宇宙では、重力も量子力学で扱わなければなりません。重力の量子化が必要となる微小な距離を「プランク長」、宇宙が誕生してからプランク長まで膨張する時間を「プランク時間」といい、そのような世界を「プランク世界」とよびます。

超高温のプランク世界は、水蒸気がそうであったように、高い対称性をもつ世界です。そこは、「4種の力」という規則性は消失し、「原始の力」とよぶべき根源的な力によって支配された世界です。「原始の力」を記述するために「**超ひも理論**」が提案されていますが、完成された理論ではなく、解決しなければならない多くの課題が残っています。このような議論からわかるように、統一の概念で自然を把握しようとする歩みは、宇宙開闢時代へ接近することでもあるのです。

宇宙の原初には、プランク世界がありました。10^{-44}秒（プランク時間）に、第1回目の真空の相転移が起こりました。そのときの宇宙のエネルギーは10^{19}GeV（プランクエネルギー）、宇宙の大きさは10^{-35}メートル（プランク距離）でした。ここではじめて原始の力から重力が分離し、今日われわれが住む4次元の時空（空間3次元と時間1次元）が現れたのです（**図4-1**）。

プランク時間の直後には、なお三つの力（強い力・電磁力・弱い力）は一本化したまま残っていますが、この世界は大統一理論によって理解することができます。これを「大統一理論の世界」とよぶことにしましょう。

第2回目の真空の相転移は10^{-36}秒で起こり、強い力が分岐します。このとき、真空のエネルギーは10^{15}GeV。これから3回目の相転移までの間、電磁力と弱い力が統一された、いわゆる統一理論の世界が残っています。

超ひも理論
素粒子やクォークのさらに先にある物質・宇宙の根源は、超微小なひもであるとする理論。一つのひもが振動することで、さまざまな素粒子に変身すると考えられている。

4-1 宇宙原初からの力の進化

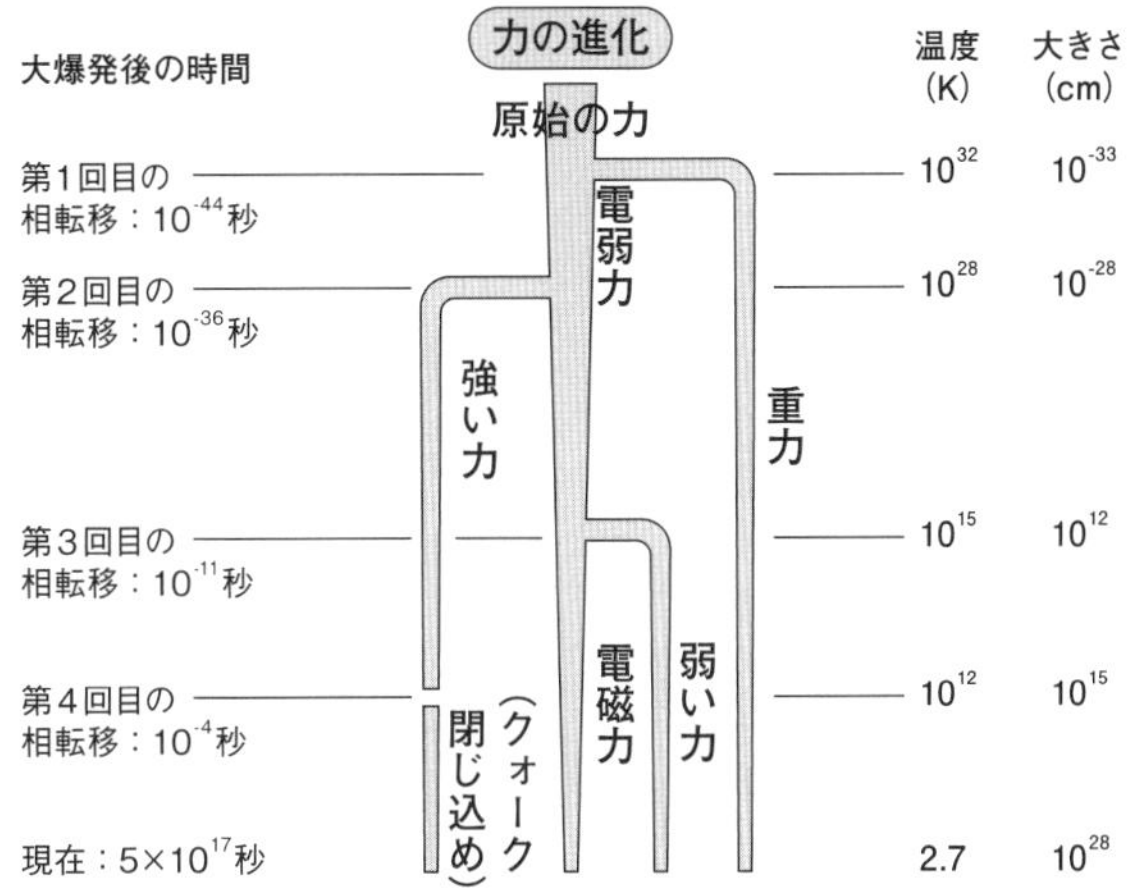

エネルギー100GeV、時間10^{-11}秒のとき、第3回目の真空の相転移が起こり、電弱力が、電磁力と弱い力に分離します。こうして今日見る四つの力が出そろいました。

宇宙開闢10^{-4}秒のとき、もう一つの相転移がありました。それまでの高エネルギー状態では自由に飛び回っていたクォークが、ハドロン（陽子、中性子など）に閉じ込められたのです。こうして、4回の真空の相転移をへて、今日の物質粒子と力が準備されました。それは、宇宙開闢1秒にも満たない時点でのことでした。

統一理論に始まり、大統一理論をへて超ひも理論にいたる基本原理探究の取り組みは、単に物質の究極像を明らかにするばかりでなく、開闢時代の宇宙を解き明かすための道を開くことにもなったのです。こうして現代の量子力学は、仮想の世界を描く数学的なモデルではなく、物質・宇宙の根源ともいうべき実在した世界を記述する理論であることがはっきりしました。

2　大統一理論から超対称性理論へ

陽子は崩壊して光になる

大統一理論は、一つの力――これを大統一力とよびましょう――によって、これまでにわかっているすべての物質の要素（クォーク・レプトン）と力（強い力・電磁力・弱い力）を記述することのできる包括的な理論です。

統一理論から大統一理論への展開を振り返ってみると、自然を理解するための標準理論の明確な戦略を読み取ることができます。すなわち、はじめに高いエネルギーをもつ「理想的な世界」で、高いゲージ対称性に基礎をおく包括的な理論（大統一理論）を構築します。ついで、エネルギーを下げながら「現実の世界」に降りてきますが、そのとき対称性が破れ、多様な世界が現れてくる、というわけです。

注意すべきことは、第3章4「『ゲージ対称性の自発的破れ』とは」でのべたように、ゲージ対称性はでたらめに破れるのではなく、〝自発的〟に破れている、ということです。それは、エネルギーを下げることによって対称性を捨ててしまうのではなく、一時的に対称性を覆い隠すことにほかなりません。つまり、エネルギーを高くすれば、もとの対称性を取りもどすことができるのです。

　強い力の荷量「カラー荷」は、クォークだけがもつ荷量です。したがって、強い力はクォークだけに働き、レプトンには作用しません。言葉をかえれば、クォークとレプトンは強い力が働くかどうかによって識別されます。しかし、大統一理論の世界では、三つの力は一つの力（大統一力）に一本化されているのですから、もはや強い力を基準にしてクォークとレプトンを区別することはできません。大統一理論の世界では、両者を隔絶していた壁は消滅しました。いまや二つの世界は統合され、クォークとレプトンはたがいに行き来することができるようになったのです。つまり、クォークはレプトンに変わることができるわけですから、たとえば、

$$u + d \rightarrow e^{+} + \bar{u}$$

という反応が起こり得ます。この反応では、はじめにあったuクォークとdクォークからレプトンとしての陽電子e^{+}が発生しており、大統一理論でなければ説明できない現象です。

陽子にはもう一つuクォークがあるので、これが右の反応で発生した$\bar{u}$クォークと結合して電荷ゼロのπ中間子π^0ができます。

$$u + \bar{u} \rightarrow \pi^0$$

これをまとめて書くと、

$$p\ (u+u+d) \rightarrow e^+ + \pi^0\ (u+\bar{u})$$

こうして陽子は姿を変え、陽電子とπ^0が発生します。ここで、終状態にあるπ^0は、寿命10^{-16}秒で2個のガンマ線に崩壊し、さらに、陽電子e^+は物質中の電子e^-と反応して消滅してガンマ線になります。このことは、宇宙にあるすべての陽子が最終的に光に転換すること、すなわち物質の崩壊を意味しています。

陽子崩壊を観測する方法

陽子崩壊とは、クォーク（陽子）がレプトン（電子）に変わること、つまりクォークとレプトンが区別できなくなることを意味しています。それはクォークだけに働く強い力が、弱い力や電磁力とともに統合されることによって実現します。大統一理論は、このように3種の力が一本化された世界、すなわち「大統一理論の世界」を記述していますが、それは第2回目の相転移が起こるまでの短い時間10^{-36}秒であり、そのときの宇宙の大きさは、10^{-30}メートルでした。

原子の大きさから判断すると、陽子と電子の距離は、電子軌道の広がりにあたる10^{-11}メートルです。このように離れた陽子と電子が大統一力を及ぼしながら陽子崩壊を起こすためには、10^{-30}メートルまで接近しなければなりません。この距離は、通常の原子の大きさに比べれば約10^{20}桁も小さく、そこに陽子と電子が存在する確率は極めて低いと考えられます。言葉をかえれば、陽子崩壊を観測するためには、莫大な時間が必要になるわけです。

大統一理論は、陽子崩壊の平均寿命が10^{32}年という、気が遠くなるような長い時間を予測しています。陽子が崩壊するまで10^{32}年間も待つ、というのは明らかに不可能です。そもそも宇宙は、開闢以来10^{10}年しかたっていないのです。人間が陽子崩壊の実験を続けられるのは、せいぜい数十年でしょうから、この間に崩壊の事象を見つけなければなりません。

ここで、平均寿命の意味を考えてみると、陽子崩壊を探すことは必ずしも絶望的ではないことがわかります。たとえば、人間の平均寿命が80歳といっても、すべての人が80歳で一斉に死んでしまうわけではありません。確率的にみれば80歳で死ぬ人が一番多いわけですが、中には、１歳で死ぬ人もいれば１００歳まで生きる人もいます。このような平均寿命の意味を陽子にあてはめてみると、大量の陽子を集めてくれば、その中のいくつかは数年という短い時間で崩壊することが予測されます。水には水素原子が含まれているので、実験を行うにあたっては、これを利用することが考えられます。

いま仮に、10^{32}個の陽子を集めてきたとすれば、その中の１個は1年ほどで崩壊すると考えることができます。水１万トンには、約10^{34}個の陽子・中性子が含まれていますから、１年に１００個の陽子崩壊が期待できることになります。このような方針にそって、岐阜県神岡の地下１０００メートルに、５万トンの超純水をたたえた巨大観測装置「スーパーカミオカンデ」が建設され、１９９６年4月からデータ収集が進められています。

これは、陽子崩壊でつくられた荷電粒子（先の例ではe^+）が発生する微弱な光（チェレンコフ光）を、１万本の光観測装置（光電子増倍管）で捕えようとするものです。このような稀な現象を観測する場合、水や周囲の物質に含まれる天然放射能や上空から降ってくる宇宙線などの妨害を高い効率で抑制することが決定的に重要になります。そこで、宇宙線を地中で吸収するために、実験は１０００メートルの地下で行われています。

ところが、数年にわたるスーパーカミオカンデの実験では、陽子崩壊はまだ観測されていません。このことは、陽子の寿命がもっと長いことを示唆しています。単純な大統一理論は修正を迫られているのです。

フェルミ統計とボーズ統計

すべての素粒子は回転しています。この回転をスピンとよぶことは、第3章5でふれました。素粒子のスピンは、単位を適切に選べば、半整数のものと整数のものに分かれます。前者をフェルミ粒子、後者をボーズ粒子とよびます。物質粒子（クォーク・レプトン）はスピン$1/2$をもち、力を伝えるゲージ粒子はスピン1をもっています。

フェルミ粒子とボーズ粒子は、異なる統計法則（それぞれフェルミ統計、ボーズ統計）に従います。ある量子状態（スピン、電荷などの物理量をもつ量子力学的状態）を与えると、その状態をとることができる粒子が1個のとき、「フェルミ統計」が成り立ちます。言葉をかえれば、個々の粒子は異なる量子状態をとる、ということになります。

一方、多数の粒子が一つの量子状態をとるときには、「ボーズ統計」が成り立ちます。

このように、フェルミ粒子（物質粒子）とボーズ粒子（ゲージ粒子）は、統計的にまったく違った性質をもつ相容れない2種の粒子群と考えられます。標準理論では、物質粒子とゲージ粒子、すなわちフェルミ粒子とボーズ粒子は、別種の粒子群として扱われています。

ところが、このような強固な考え方に挑戦する新しい発想「超対称性」が１９８０年頃から理論物理学者によって提案されはじめました。それまで、別種の粒子として扱われてきたフェルミ粒子とボーズ粒子は別物ではなく、その背後には、２種の粒子群を生み出す、より根源的な原因がひそんでいるのではないか、と考えられるようになったのです。それは、より高い対称性に基づく理論という意味で「超対称性理論」とよばれています。フェルミ粒子とはクォーク・レプトンという物質粒子であり、ボーズ粒子は力を伝えるゲージ粒子ですから、超対称性理論は、物質と力を統合する理論ということもできます。

複雑きわまりない物質の世界も、原子→原子核→素粒子→クォーク・レプトンという物質のより根源的な要素からなっています。また、それらの要素に働く三つの相互作用も、標準理論のなかで、統一理論→大統一理論によって統合されました。さらに超対称性理論は、物質の要素と相互作用がたがいに関係があることを示しています。このような物理研究の足取りを振り返ってみると、そこに、「より基本的な自然法則を探索する」という方針を読み取ることができます。

3　素粒子の本当の姿

陽子と中性子は同じ粒子？

対称性に光を当てて素粒子の基本法則を明るみに出すという手法は、すでにハドロンの分類において成功をおさめています。そのことを振り返りながら、さらに新しい対称性、超対称性をみていきましょう。

陽子と中性子は、電荷がプラス1と0であることを除いて、非常によく似た性質を示しています。その質量は、中性子が陽子より0・1％重いだけで、スピンの大きさはともに$\frac{1}{2}$です。そこで、このような両者の類似性に注目して、荷電対称性（あるいは荷電不変性）という概念が導入されました。

ここで、物理量には二つのタイプ、ベクトルとスカラーがあることにふれておきます。ベクトルの語源はラテン語の「ベクトル」で、「運ぶ者」という意味があります。たとえば、ここから10メートル先に荷物を運ぶ場合、同じ距離10メートルを運んでも、前、後、左、右など、方向によって荷物の行き着く先は違います。

一般に、運動を表すためには、「大きさと方向」という二つの量を示す必要があります。このような量をベクトル量とよび、太文字で表記します。たとえば、位置、力、回転などがこれにあたります。それに対して、大きさだけをもつ量、たとえば、温度、重さ、長さなどは、スカラー量とよばれます。スカラーの語源はラテン語の「スカラリス」で「はしご」を意味します。

ここで、粒子の回転を表す「スピン」を、コマにたとえて考えてみましょう（**図4－2**）。コマの回転軸を垂直としたとき、コマの回転は右回りと左回りがありますから、コマの運動状態はベクトル量で示されることになります。スピン1/2の粒子の場合、スピンのベクトル量は**S**＝1/2で、回転の向きはS1＝1/2（右回り）、S2＝マイナス1/2（左回り）をスピンの成分とよびます。S1、S2は、上向き，下向きの矢印で示すこともあります。

以上をまとめるとつぎのようになります。

・右回り：スピン成分は1/2、上向き矢印（↑）

・左回り：スピン成分はマイナス1/2、下向き矢印（↓）

このことにならって、新しく「荷電スピン」を導入してみましょう。通常スピンとは異

4-2 スピンと荷電対称性

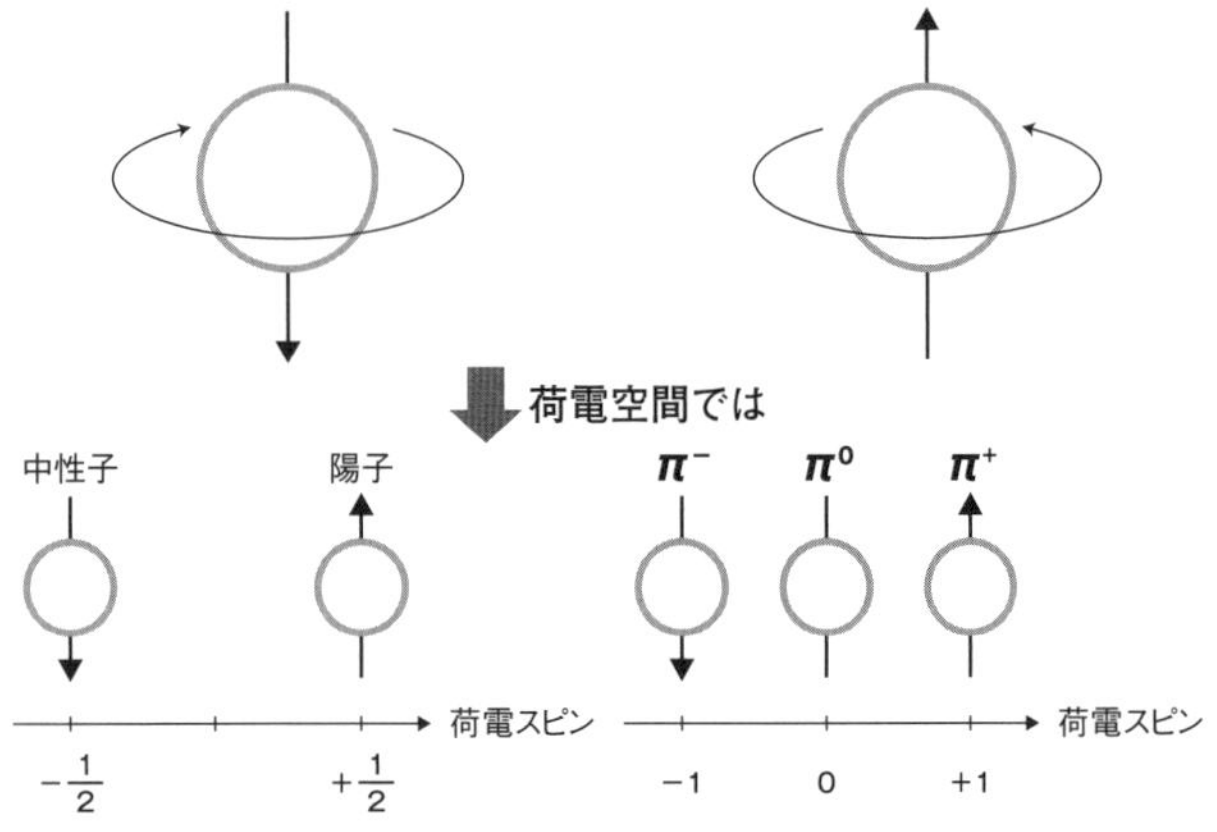

なり、荷電スピンは仮想的な空間（荷電空間）での回転を想定しています。荷電対称性のような内部空間に表れる対称性を「内部対称性」とよびます（ゲージ対称性も内部対称性です）。

そこで、核子に荷電スピン1/2を与え、その二つの成分1/2とマイナス1/2に陽子と中性子を対応させます。荷電対称性により、陽子と中性子はまったく異質の粒子ではなく、「核子」とよぶ基本的な粒子の異なる状態（回転の向きが違う）、という新しい解釈が可能になります。

同じような手法で、電荷の異なる3種のパイ中間子（π^+・π^0・π^-）に、荷電スピン1の成分（プラス1・0・マイナス1）を与え、それらが同じ粒子の三つの異なる状態であると考えます。ここで注意することは、荷電対称性が厳密に成り立っていれば、陽子と中性子、あるいは3種のパイ中間子の質量は一致していなければならない、ということです。

フェルミ粒子とボーズ粒子は入れかわる

ところが現実には、陽子と中性子の質量や三つのπ（パイ）中間子の質量には差があるのですから、荷電対称性は破れていることになります。その原因は、陽子と中性子に対して、電磁力の作用が異なっていることです。強い力は陽子と中性子に同等に働きますから、荷電対称性を破ることはありません。

ここでも、「（ゲージ）対称性が成り立っている理想の世界と、それが破れている現実の世界」という構図を読み取ることができます。つまり、現実の世界ではあらゆる対称性が破れており、そのことによって本当の姿が覆い隠されてしまっている、ということなのです。右向き、左向きという回転状態に惑わされることなく、回転する粒子そのものを見定めることが大切です。

陽子と中性子は、「核子」という元の粒子の異なる状態と考えることができます。ある人が赤い服を着ていても、黒い服を着ていても、服の色に惑わされないで、元の人間そのものに目を向ける、という考え方です。

荷電対称性は、陽子と中性子（スピン1/2）、あるいは3種のパイ中間子（スピン1）のように、同じスピンをもつ粒子どうしを関連させました。また、大統一理論は、クォークとレプトンの間の壁を取り払い、それらの相互転換が可能なことを示しました。こうして、素粒子たちの一見複雑な（異なる）ふるまいの背後にひそむ、より本質的な姿を見通すことができるようになりました。

このような発想をさらに一歩前進させてみましょう。これまでまったく異なる統計法則によって支配されていたフェルミ粒子とボーズ粒子の背後にも、より根源的な粒子があるのではないか、と。こうしてつくられた超対称性理論によれば、フェルミ粒子とボーズ粒子は、「超粒子」とよぶ粒子の、異なる現れと考えることができます。そこで、荷電対称性を考えるために「荷電空間」という仮想的な空間を想定したように、今度は、超対称性を表す「超空間」を設定してみます。つまり、核子の場合と同じように、フェルミ粒子を上向きの矢で、ボーズ粒子を下向きの矢で表します（**図4-3**）。

二つの粒子群は、超対称性の破れた現実の世界に現れるのであって、その起源には「超

4-3 荷電対称変換と超対称変換

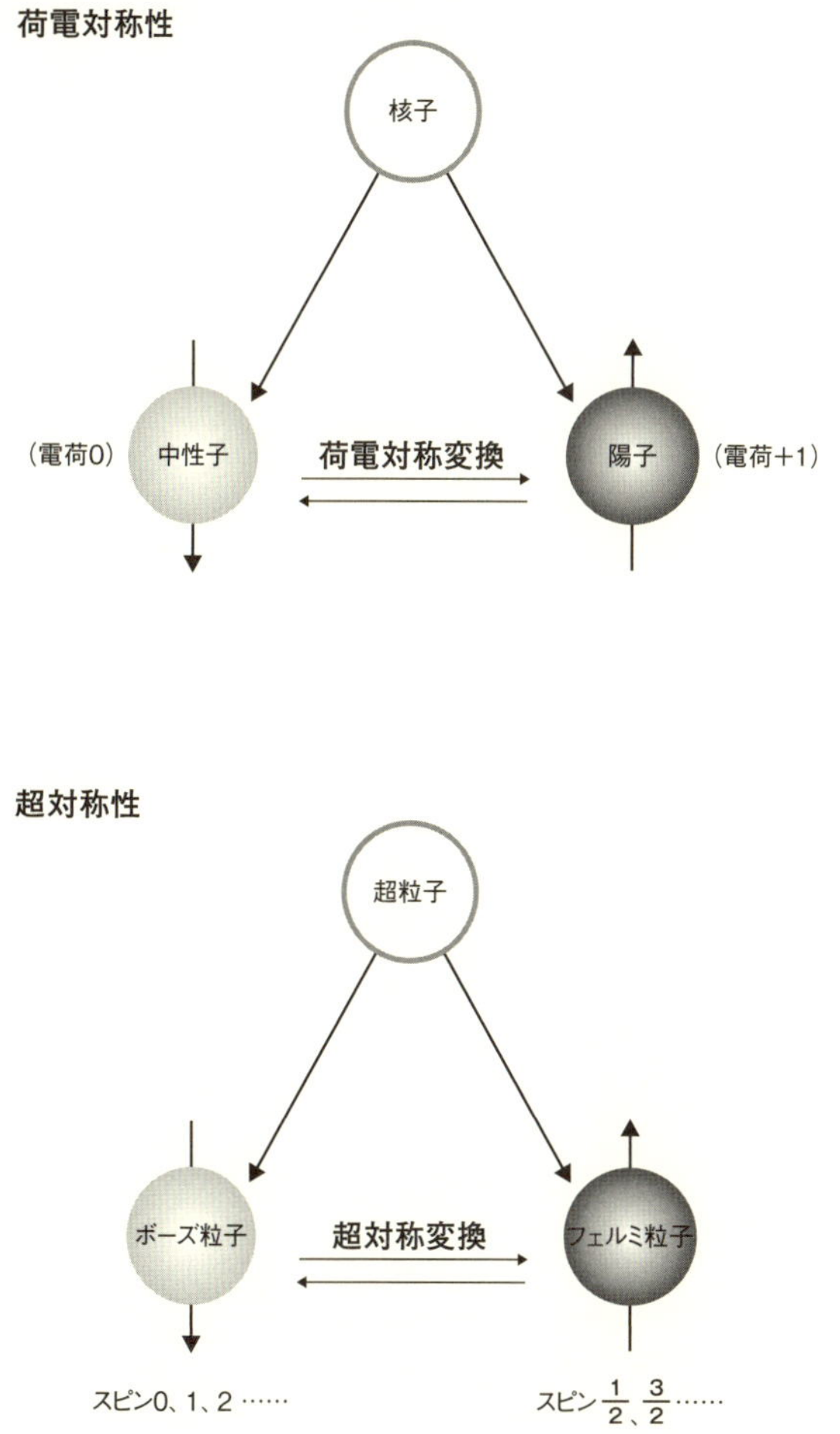

粒子」とよぶ、より根源的な粒子が存在するのです。荷電対称変換が陽子と中性子を入れかえたように、超対称変換は、スピン半整数のフェルミ粒子とスピン整数のボーズ粒子を転換させます。

超対称パートナーの存在

スピン$\frac{1}{2}$のクォーク・レプトン（フェルミ粒子）に超対称変換をほどこすと、

$$\frac{1}{2}-\frac{1}{2}=0,\ \frac{1}{2}+\frac{1}{2}=1$$

という二つのパートナーがつくられます。はじめにスピン$\frac{1}{2}$のニュートリノがあったとして、超対称変換の具体的な内容を見てみましょう。**図4-3**に示した二つの例からもわかるように、あらゆる粒子にはスピンが$\frac{1}{2}$だけ異なる粒子が存在します。これを、超対称パートナーとよびます。電子の超対称パートナーを超対称性電子（S電子）とよびます。

図4-4には、クォーク・レプトン、ゲージ粒子、ヒッグス粒子に対する超対称パートナーのスピンをまとめてあります。ただし、可能な二つのスピンの小さいほうだけを示しました。スピンが小さい粒子は質量が小さく、実験で見つかりやすいと思われるからで

4-4 超対称性粒子

粒子に対する質量が小さいほうの超対称性粒子

	粒子	超対称性粒子	スピン
物質粒子	クォーク $(\frac{1}{2})$	Sクォーク	(0)
	ニュートリノ $(\frac{1}{2})$	ニュートラリーノ	(0)
ゲージ粒子	光子（1）	フォティーノ	$(\frac{1}{2})$
	ウイークボソンW（1）	ウィーノ	$(\frac{1}{2})$
	ウイークボソンZ（1）	ジーノ	$(\frac{1}{2})$
	グルーオン（1）	グリィーノ	$(\frac{1}{2})$
ヒッグス粒子	(0)	ヒッグシーノ	$(\frac{1}{2})$

※（ ）内はスピン

す。ゲージ粒子やヒッグス粒子の超対称パートナーのよび方についても付記してあります。

純粋に理論的な立場から見たとき、超対称性は、重力を取り込んだ究極の理論、超ひも理論への道を開くものとして大きな期待が寄せられています。超対称変換は、フェルミ粒子とボーズ粒子を入れかえるので、フェルミ粒子に超対称変換を二度繰り返せば、ふたたびフェルミ粒子にもどります。

もし超対称性が厳密に成り立っているのなら、粒子とその超対称性パートナーの質量は等しいはずです。しかし、これまでの加速器のエネルギー領域では、超対称性パートナーは見つかっていません。たとえば、電子と同じ質量のボーズ粒子（Ｓ電子）の存在は、これまでの実験では否定されています。超対称性の破れは、超対称性粒子に大きな質量を与えることによって実現されます。荷電対称性と同じように、超対称性も現実の世界では破れているのです。

現在、セルンで建設が進んでいるＬＨＣの第一の目標は、ヒッグス粒子を発見することです。これは標準理論にもち込まれている質量生成のしくみ、「ヒッグス機構」を仮定の座から引き下ろし、理論の基礎をさらに強固なものにするための取り組みです。次いで、ＬＨＣには超対称パートナー発見の期待がかかっています。これは、標準理論を超える新しい試み「超対称性理論」の検証にほかなりません。

4　宇宙を充たす未知の粒子

暗黒物質（ダークマター）とは何か

太陽のような輝く星、恒星《こうせい》は、２０００億個ほどが集まって銀河とよぶ集団をつくっています。標準的な銀河は約10万光年の広がりをもっており、宇宙全体には約１兆個の銀河が存在しています。２０００億個の１兆倍（10^{23}個）もの莫大な数の星ぼし。標準的な恒星、太陽の質量は約10^{27}トンですから、宇宙全体で恒星が担っている質量は10^{50}トンにも及びます。

ところで、もし恒星の数が増えれば、それに比例して質量と明るさが同じ割合で増加します。もし銀河系に、わが太陽と同じ質量の恒星が２０００億個あったと想定すれば、銀河系の質量も明るさも２０００億倍になるはずです。わが太陽は標準的な恒星ですから、この想定は妥当なものと考えられます。つまり、質量と明るさの比は、太陽１個でも、銀河系全体でもほぼ等しいと考えることができるのです。

ところが驚くべきことに、観測によれば、銀河の質量と明るさの比は、太陽のそれを大きく上回っていることがわかってきました。すなわち、銀河のなかには、質量はもつが光らないという、いわゆる暗黒物質（ダークマター）が大量に存在するのです。暗黒物質の質量は光る星、恒星の約5倍で、宇宙全体の質量の22％もあるのです。暗黒物質は、その強い重力によって銀河など宇宙の構造形成に重要な役割を果たしてきたと考えられます。

暗黒物質の正体は、大きく分けて二つ考えられます。一つは、通常の物質と同じようなバリオン（陽子、中性子など）的なもの、もう一つは非バリオン的なものです。バリオン的な暗黒物質の代表的なものとして、木星に代表される光らない星があります。

星が大きくなれば、その中心部分の圧力は高圧になり、それにともなって温度も高くなります。太陽の中心部では、圧力が２５００億気圧、温度は１６００万℃にも達しています。太陽はほとんど水素からできているのですが、中心部では原子は原子核（陽子）と電子にばらばらに分解しています。激しく運動する陽子どうしがぶつかって核融合反応を起こすと、ヘリウムの原子核がつくられ、莫大なエネルギーが発生します。そして、そのエネルギーは光となって宇宙空間に放出され、星が輝くことになります。

一方、木星のような小さな星では、質量が不足して中心部分の温度が上がらないために、核融合反応は起こりません。木星は光らない物質ですから、もしこのような星が銀河の周辺にも広がっていれば、暗黒物質の候補になりうるわけです。

1993年、カリフォルニア大学を中心としたグループが銀河周辺にこのような天体を発見して大きな話題をよびましたが、その後の観測がなく、また、宇宙初期の元素合成についての信頼できる理論からも、観測されている暗黒物質に匹敵するようなバリオン量（陽子、中性など）が得られないという困難があります。

こうした事情を考えると、暗黒物質の大部分は非バリオン的な粒子（クォーク以外の粒子）でつくられている、ということになります。このような粒子は、他の粒子との相互作用が弱く、直接観測することが困難です。非バリオン的な粒子の候補もいくつかありますが、素粒子理論や宇宙理論とも矛盾しない魅力ある候補は、超対称性粒子です。

超対称性理論は、暗黒物質を解明する有力な理論であると期待されています。それは、超対称性理論が、もっとも軽い超対称性粒子は安定に存在すること、そしてその質量は数百GeV程度であることを予測しているからです。

超対称性粒子の質量は他の素粒子に比べて重く、そのことによって宇宙初期の銀河系形成がうまく説明できます。ニュートリノが暗黒物質の候補と考えられたこともありましたが、最近のスーパーカミオカンデでの実験によれば、その質量が小さいために、莫大な暗黒物質を説明することはむずかしく、また銀河の構造がつくれないこともわかってきました。

ニュートラリーノを探せ

超対称性粒子の中でも、とくに電気的に中性な粒子、「ニュートラリーノ」が暗黒物質の有力候補と目されています。これはニュートリノの超対称パートナーです（図4－4参照）。もちろん、ニュートラリーノはまだ発見されていませんが、これまでの加速器実験から、その質量は数百GeVであろうと予測されています。超対称性粒子の質量は他の素粒子に比べて重く、そのことによって宇宙初期の銀河系形成がうまく説明できるのです。

ニュートラリーノの存在を実証することは、素粒子物理学および宇宙物理学にとって緊急の課題です。しかし、数百GeVの質量をもつ超対称性粒子を人工的に生成するためには、莫大なエネルギーを発生する新しい加速器を必要とします。セルンのＬＨＣは14TeV（1万４０００GeV）を発生し、その目標の一つに超対称性粒子の発見が掲げられています。

一方、ここ10年くらいの間に、宇宙から地球に飛び込んでくる超対称性粒子を直接観測するという試みも、世界のいくつかのグループによって続けられています。ニュートラリーノなどの暗黒物質は、重力によって太陽や地球などの天体に引き寄せられ、天体を貫通することでエネルギーを失っていきます。地球上でも、このようなニュートラリーノが飛び回っているならば、それが、特殊な物質に入射すると、原子核と衝突（弾性散乱）して光や電気シグナルが発生するはずです。

ニュートラリーノは物質との相互作用が極度に弱く、発見には種々のバックグラウンドとの識別がむずかしいという困難がともないます。いずれにせよ、近い将来、超対称性粒子が発見され、暗黒物質の解明が大きく前進することを期待したいと思います。

暗黒物質に関連して、暗黒エネルギー（ダークエネルギー）が問題になっています。それは、宇宙全体に広がって負の圧力をもち、実質的に「反発する重力」としての効果を及ぼしている仮想的なエネルギーです。現在観測されている宇宙の加速膨張や、宇宙の大半の質量が正体不明であるという観測事実を説明するために、宇宙論の標準的な理論に暗黒エネルギーを加える方法がとられています。その手法の正しさを実験的に確かめるためには、宇宙の膨張速度が時間とともにどのように変化しているかを高精度で観測する必要があり、観測的宇宙論の主要な研究課題の一つになっています。

5　謎解きは続く

常識を超えた量子力学の世界

　これまでみてきたように、ミクロの世界には粒子性と波動性、不確定性原理、確率的な予測など、マクロの世界の常識からかけ離れた多くの性質がそなわっています。しかし、これまでの議論では、ミクロの世界の不思議についてはあまり深入りしないようにして、主として、量子論の実用的な面に重点をおいて解説してきました。

　事実、量子力学は原子の構造を解明し、ハイテク技術や新材料の開発などに大きな力を発揮しています。また実用的ではないにしろ、物質・宇宙の究極像を明らかにするために、量子力学自体が日進月歩の発展をとげています。現代の量子力学は、量子宇宙の成り立ちを明らかにしつつ、新しい予想を提供しています。それは、多くの物理学者を、素粒子と宇宙の実証実験に駆り立て、実験での発見がさらに理論を発展させるという、理論と実験の健全な関係を促進してきました。こうして私たちは、量子力学を基礎として、知的世界を拡大し、ロマンを育んできたのです。

　では、このような発明・発見だけが、量子力学のすべてなのでしょうか。

　20世紀初頭、量子論が芽生えたころから、その革新的な自然認識の論理をめぐって激しい哲学的な論争がありました。それは、ミクロの世界における原子などの実在性や、量子力学が確率的な記述しかできないことをめぐる論争が中心でした。アインシュタインは、自然が確かで客観的な存在であり、原因から結果が一義的に（確率的ではなく）決まるという強い信念をもち、「神はサイコロを振らない」という有名な言葉を残しています。量子力学の認識論争は、その後、観測問題として引きつがれ、今日にいたっていますが、いまなお十分な解答が与えられたとはいいきれません。

　ここまで量子力学の歩みをたどってきましたが、最後に復習をかねて、量子力学の原理に関する実証実験を紹介しながら、ミクロの世界にそなわった特性と、その解釈をめぐる議論を簡単に紹介しておきましょう。この議論は量子現象の解釈を含むもので、異なる見解をもつ物理学者もいることを付け加えておきます。

波動と粒子の二重性

これまでたびたびのべてきたように、ミクロの世界に現れる光子や電子は、波動と粒子の二重性をもっています。19世紀初頭、イギリスの物理学者T・ヤング（1773〜1829）は、実験によって、光が波の性質をもつことをはじめて明らかにしました。この「ヤング型干渉実験」をみながら、波動と粒子の二重性の意味を考えてみましょう**（図4-5）**。

まず、二つの小さなすきま（スリット）a、bのあるついたてとスクリーンを用意します。ついたての穴の大きさは、波長に比べて十分小さいものとします。そこに波長λの波を照射すると、波が二つのスリットを通ったあとでは、a、bを中心とする二つの波が存在し、スクリーン上に干渉模様を描きだします。図の同心円弧は、これらの波の波面、すなわち等位相面を示しています（位相については第2章3「シュレディンガーの波動方程式」参照）。

これらの円弧の交点は、二つの波が同位相（山と山、谷と谷が一致する）のため、強め合い、波がもっとも大きく強度が最大になります。つまり明るくなるわけです。また二つの波の位相が1波長（90度）だけずれていれば、二つの波はたがいに打ち消し合い、強度

4-5 波動と粒子の二重性（ヤングの干渉実験）

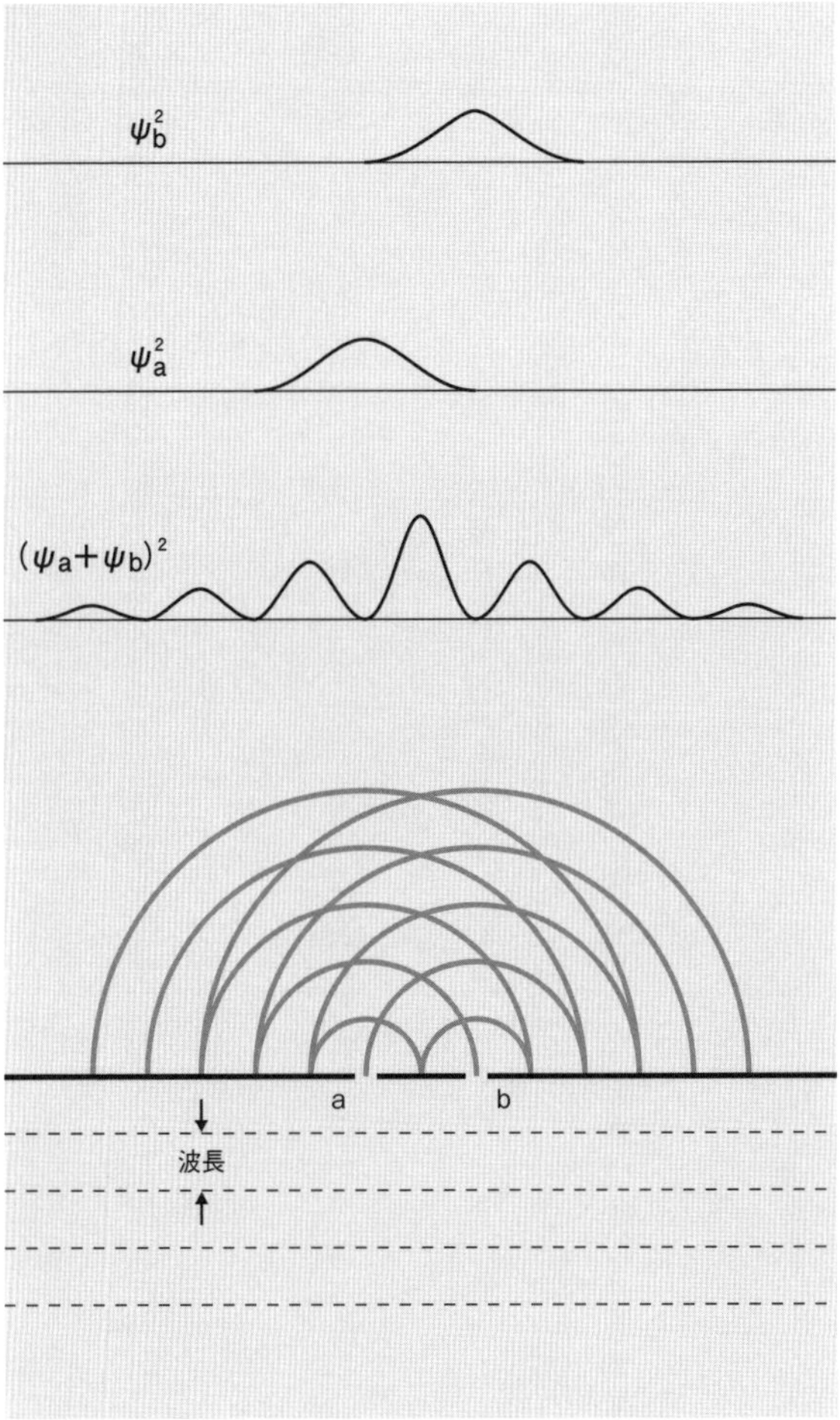

が小さくなって暗くなります。図の実線は明るい帯を示しています。
干渉現象には、つぎのような二つの特徴があります。
①重ね合わせの原理が成り立つ。
量子力学では、波動は波動関数Ψ（プサイ）で表されます。a、bを出たあとの二つの球面波をΨ_a、Ψ_bとすれば、スクリーン上の波Ψは、二つの波の重ね合わせ、

$$\Psi = \Psi a + \Psi b$$

で表されます。波動関数Ψ_a、Ψ_bは、波aと波bの状態を表すもので、a、bの強度（観測量）ではありません。
②波の強度（粒子の存在確率）は波動関数の2乗に比例する。
状態a、bを観測する頻度（強度）は、確率分布としての$(\Psi a)^2$、$(\Psi b)^2$で表されます。同様に、スクリーン上で観測される波の強度は、状態a、bを重ね合わせてできた状態Ψの2乗で記述されます。すなわち

$$\Psi^2 = (\Psi a + \Psi b)^2$$
$$= \Psi a^2 + \Psi b^2 + 2\Psi a \Psi b$$

ここでは中学で習う展開の公式$(x + y)^2 = x^2 + y^2 + 2xy$を用いています。注意したい

のは、重ね合わされた波の強度は（$\Psi_a^2 + \Psi_b^2$）ではない、ということです。「重ね合わせの原理」からは、さらに$2\Psi_a\Psi_b$が加わりますが、これが干渉効果を引き起こす「干渉項」です。

以上は光の干渉実験ですが、電子も同じような干渉効果を示すこと、すなわち物質波であることは、第2章3でのべたとおりです。

電子一粒をコントロールする

古典的波動では、入射する波の強度を弱くしていっても、干渉縞の形は崩れずに、一様に高さが減少していくだけです。そこで、電子についても、電子の強度を弱くしながら、ヤングの干渉実験を行ってみたらどうなるでしょう。つまり、電子を1個ずつ、二つのスリットに通すのです。スリットの後ろのスクリーンには蛍光塗料が塗ってあり、電子の当たった点がポツン、ポツンと輝きます。このとき電子は、空間のその場所に、これ以上分けられないかたまりとして存在していますから、まさしく粒子性を示しています。

もし1個の電子が100％粒子であるならば、一つの電子が一方のスリットを通り抜けるときには、他方のスリットには電子はいないはずですから、干渉などするはずがありま

4-6 電子一粒をコントロールする

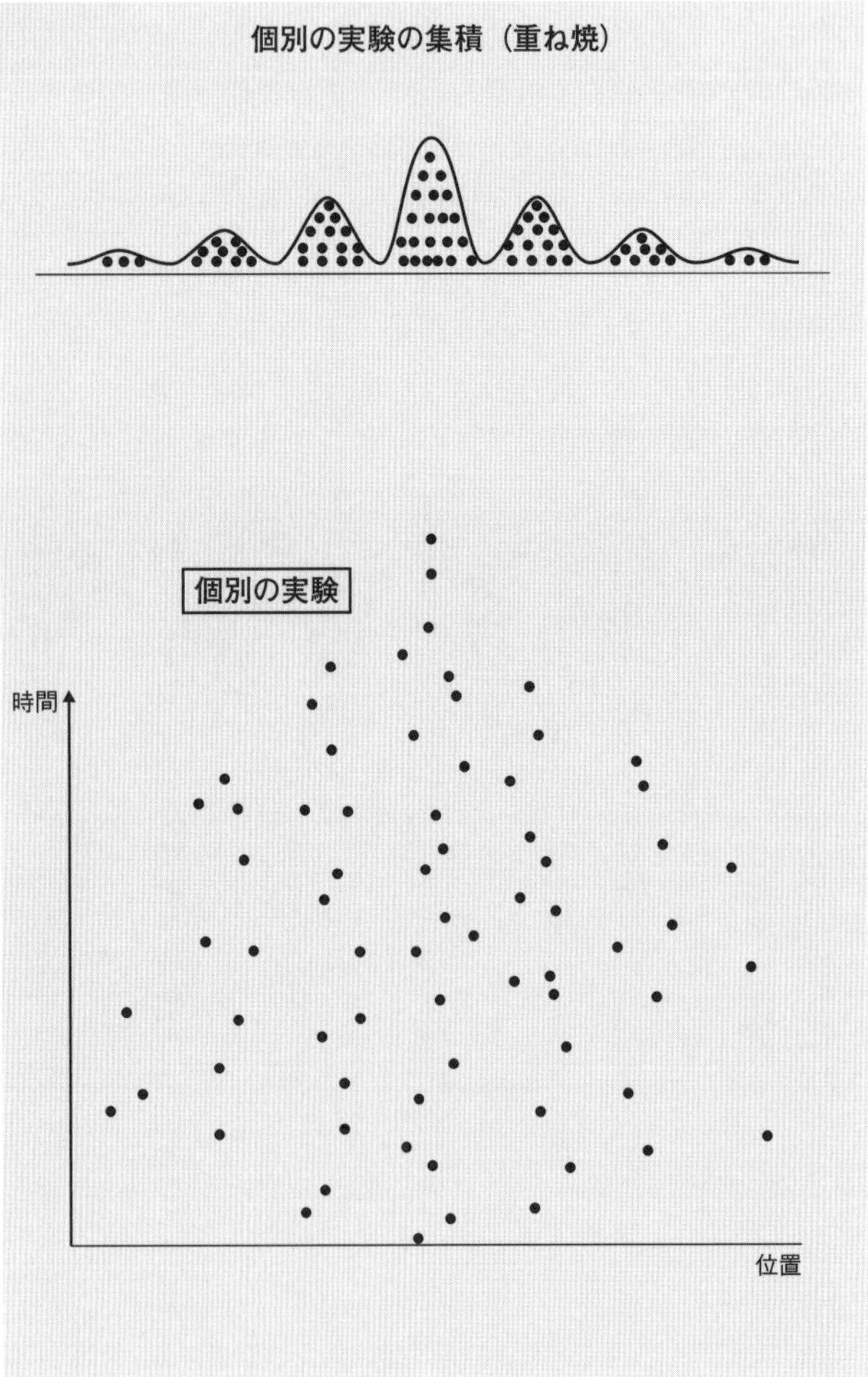

せん。つまり、異なる時間にスリットを通り抜ける（1個ずつの）電子の観測データをいくら集めても、干渉縞などができることはないのです。

　ところが驚くべきことに、1個の電子がつくるスクリーン上の輝点を重ね焼きすると、干渉縞が現れるのです。このことは、一つの電子が二つのスリットを同時に通ったこと、そして、その結果干渉したことを示しています。電子が波となって二つのスリットを同時に通り抜け、その後で二つの波が干渉し合っているのです。これはまぎれもなく、電子の波動性を示す現象です。こうして、粒子と波動の二重性が、実証されたのです。

　この測定の手順を分かりやすく示したのが**図4-6**です。図では、たて軸に時間を、横軸上に個々の電子の位置を示しています。10回にわたって、電子を1個ずつ観測したとしましょう。1から10までの電子は、空間のある場所に局在していてこれ以上分けられないので、明らかに粒子性を示しています。しかし、それらを集めると、干渉パターンが現れてくるのです。

量子力学に背を向けたアインシュタイン

　多数の電子が集まって強度の濃淡（干渉縞）をつくることは、量子力学では、確率分布の違いとして説明されています。ニュートンの古典力学では、ボールをある速度で特定の方向に投げたとして（原因）、ある時間がたったときのボールの位置（結果）を正確に予測することができます。つまり、古典力学では原因と結果についての厳密な関係（因果関係）が成り立っているのです。

ところが、先のヤングの実験からもわかるように、量子力学では、個々の電子の（スクリーン上の）位置を、そのつど予言することはできません。量子力学は、電子の集団がつくる干渉縞を予測するだけです（波動関数の2乗、Ψ^2で計算できます）。

これまで量子力学は、原子・分子、原子核、素粒子がかかわるミクロの現象を解明するために多くのすばらしい成果を収めてきましたが、それは確率的にしか現象を説明することができません。このことを、マクロの世界の典型的な確率事象、サイコロと比べてみましょう。

もしサイコロが理想的にできていれば、何回も振ったとき、1から6までの目の一つが出る確率は6分の1になります。しかし、1回の試行で、次にどの目が出るかは、だれも予想できません。

ヤングの実験で多数の電子がつくる干渉縞は、確率分布であり、サイコロを多数回振っ

物理的実在は完全といえるか」という量子力学批判の論文を著しました。これは、３人の著者のイニシャルをとって『ＥＰＲパラドックス』とよばれています。こうして、アインシュタインは50歳ころから、量子力学に背を向けました。20世紀の初頭、相対性理論、光の粒子性を発見したスーパーヒーローは、物理学の主流から離れていくことになったのです。

素粒子物理学の新たな地平

他方、正統的な量子力学は、統一理論から大統一理論を含む標準理論へと発展しました。標準理論は、これまでの加速器実験からもたらされる多くの実験事実を、すべて正しく説明しています。いまや標準理論は、超対称を取り込んだ大統一理論へと発展しつつあります。

注目すべき点は、これら素粒子物理学の手法が、素粒子の世界ばかりではなく、開闢時代のミクロの宇宙「量子宇宙」のしくみをも明らかにしつつあることです。大加速器の建設によって、物理学者は初期宇宙を地上で実現できるようになってきたのです。セルンで稼働しているＬＨＣは世界でもっとも高いエネルギーに達し、ヒッグス粒子、超対称性粒子などの発見を目指しています。

一方、日本では、筑波にある「高エネルギー加速器研究機構」に、超精密実験を目指した電子・陽電子衝突型加速器が建設され、実験に利用されています。これは、b（ボトム）クォークを大量に発生させるために「Bファクトリー（B工場）」とよばれています。この装置を用いて、小林誠（１９４４〜）、益川敏英（１９４０〜）が提唱した対称性の破れが実証されました。

素粒子物理学が、これからどのような知の地平を切り開くのか、しばらく目を離すことができません。

おわりに

半年ほど前に、本書の執筆を始めてから、朝日カルチャーセンターで「量子力学の基礎」について3回の講演をしました。その間に、質問などを通して聴講生の方々と親しく接する機会があり、市民の皆さんの量子力学に対する関心についても理解を深めることができました。

量子力学は、見えないミクロ（微視）の世界の理論です。そこには、私たちの生活の場であるマクロ（巨視）の世界とはまったく異なる、常識を超えた現象が存在します。たとえば、光や物質の素材としての電子や陽子・中性子は、波動性と粒子性を合わせもっていますが、そのようなことは、私たちの実生活では見ることはありません。野球のボールは粒子であり波ではなく、また、海の波は粒子ではありえません。つまり私たちの常識は、私たちが「オギャー」と産声をあげてから、まわりの事物に接しながら、一つずつ脳に刻みこんだ知見をもとにして形づくられたものです。その意味では、見たこともない原子や素粒子のふるまいが奇異に見えるのはむしろ当然ということになります。そこで問題は、物理学を専門としない人に、見えない世界をどのように説明し理解を促すか、ということです。

そんなとき私は、自分が素粒子の研究に手を染めた20代終わり頃の体験を思い出しました。その頃の私は、大学院で原子核物理学を勉強してはいたのですが、ミクロの世界のしくみ、とくに量子力学の結果が、今ひとつ実感できませんでした。そんなある日、欧州原子核研究機構・セルンから帰国された先生から1枚の写真を見せてもらい、仰天しました。それは、液体水素を満たした泡箱とよぶ測定器に反陽子が入射して、さまざまな素粒子をつくり出すという

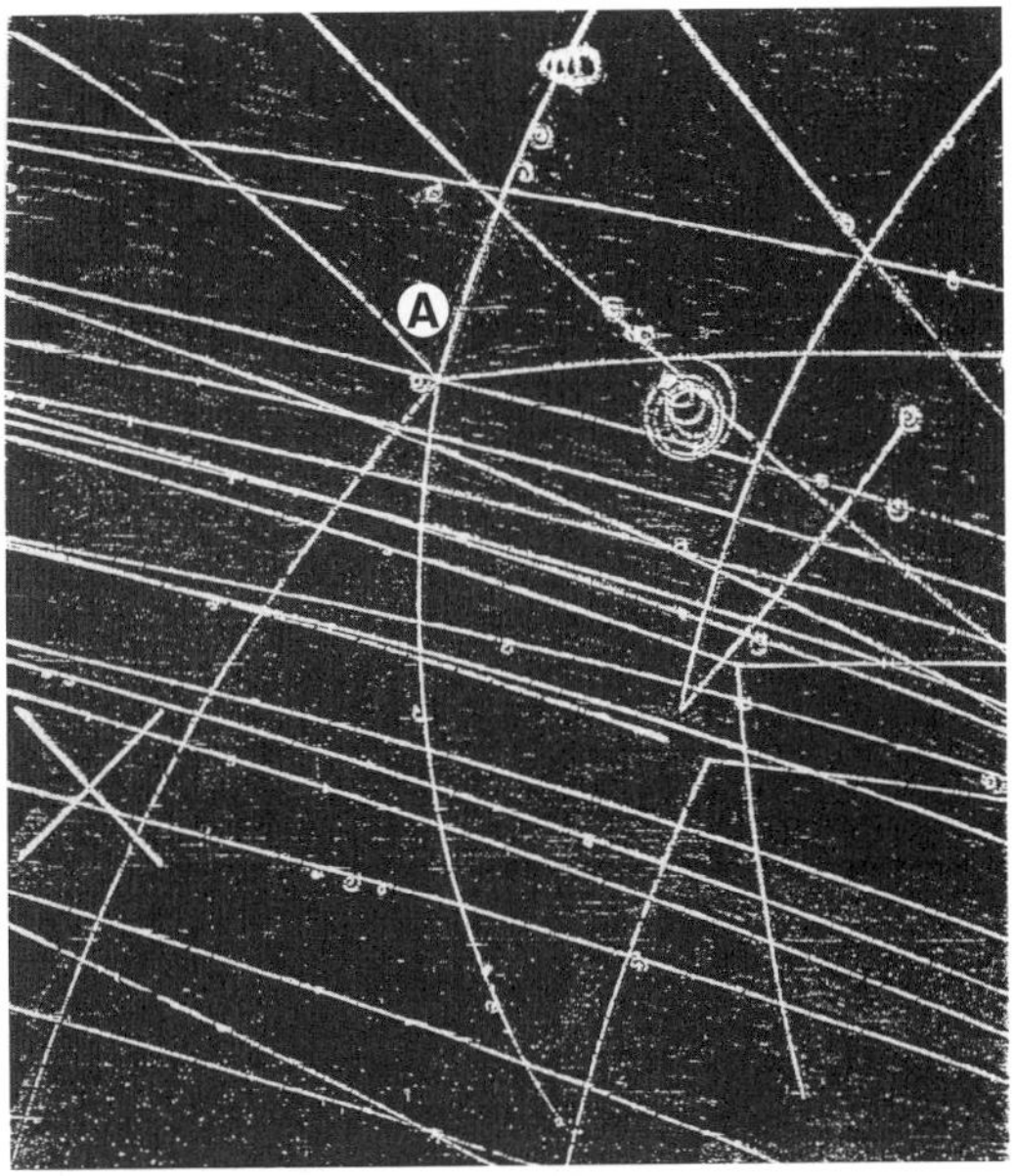

左から、水素泡箱に入ってきた反陽子が、A点で泡箱中の陽子にぶつかって、6個のパイ中間子を放出

写真でした。個々の素粒子は、小さな泡の連続からなる飛跡をつくり、ゆるやかな円弧を描いて飛び交っています。活字でしか理解していなかった素粒子が、幾筋もの線となって目の前に現れているのです。それは、満天の夜空を飾る流れ星のようでもあり、現代絵画のようでもありました。

私はこれを見て、素粒子の世界がぐっと近づいてきたような気分になりました。そして、このときの印象が引き金になって、私は、素粒子物理学の実験研究を行うため、泡箱物理学の分野に進むことになりました。この写真をここに添えておきますので、ごらんください。

話は変わりますが、このような泡箱写真の図柄がファッションデザイナーの目にとまり、女性のブラウスに使われたことがあります。私は、このブラウスを着る女性をあれこれ想像しつつ、一目見たいものだと思いましたがその夢は果たせませんでした。

常識のなかに飛び込んできた常識を超えた世界。量子力学の世界は、そのような事例の典型ということができます。私たちの常識は、本能的に見えない世界に対して警戒の壁を張りめぐらし、視界から遮断しているようです。けれども、何かのきっかけで、壁の向こうに広がる不可視の世界を垣間見たとき、人々は大きな関心をかきたてられることになります。

私は、泡箱写真を見たときの若い時代のときめきが、何とか本書でも実現できないものかと、あれこれ考えました。そこで執筆にあたっては、「まえがき」にも書いたのですが、「見える化」と「感じ」を重視することにしました。

他方、本書が「おとなの学びなおし！」シリーズの一つであることを考えると、やはり量子力学という長い科学の歴史と、各時代にわたる段階的な発展を無視することはできません。また、現代の量子力学が、物質の究極的世界の解明はもとより宇宙の開闢についても重要な示唆を与えていることも見逃せないでしょう。おそらくここ数年間で、素粒子物理学と宇宙物理学においては、貴重な発見があるものと期待されますし、また量子力学を基礎とした「量子コンピューター」への利用も進むものと予想されます。つまり、量子力学は、今もなお進化を続けている学問分野なのです。

長い歴史と多くの顔をもち、さまざまな分野の発展を促す量子力学。この理論の骨子を、「見える化」と「感じ」を駆使しながら、わかりやすく解説しようという欲張った希望を抱きながら執筆を進めました。

「見える化」については、物理学者の肖像、量子力学のしくみについての図解、重要な成果の要約などをまとめ、数ページに一つずつ図版を挿入しました。また、理論が醸《かも》し出す「感じ」を把握するために、文章は単純明快を心がけ、専門用語についての脚注もちりばめました。真空の相転移などは、水の相転移、すなわち蒸発や液化という身のまわりの現象を引き合いに出し、ミクロの世界とマクロの世界を対比させながら、その意味を把握するように工夫しました。表紙にある「見せます！　ミクロとマクロの不思議世界」という一文は、このような意図を端的に表現したものです。

本書を書き上げて、一つだけ心残りのことがあります。それは、「観測問題」にはほとんど言及できなかったことです。ミクロの現象は、観測という行為によって影響を受けますが、そのことを際立たせるためにデザインされた実験もあります。たしかに、「観測問題」は大切な課題ではありますが、残念ながら紙面の都合で割愛せざるを得なくなりました。関心のある人は、観測問題についての名著『量子力学入門』(並木美喜雄、岩波新書)をご一読いただきたいと思います。

本書が出版にこぎつけたのは、著者の意図を汲んで協力いただいた多くの関係者のご好意に負うものです。

名古屋・朝日カルチャーセンターでは、２０１０年夏以来、講座部課長・田中正子さんに、科学と宗教、原発、ごみ問題、素粒子物理学などの講座を企画していただきました。その後、新宿・朝日カルチャーセンター・クリエティブディレクター赤間恵美さんのご尽力によって、２０１２年度、「量子力学20講」という講座がスタートしました。赤間さんからは、朝日新聞出版の「おとなの学びなおし！」シリーズをご紹介いただきました。

朝日新聞出版の岩田一平さんは量子力学の意義をよく理解され、新宿・朝日カルチャーセンターでの講座のテキストにも使えるようすぐ出版したいとの意向がのべられました。

ベテラン編集者の阿部ルミ子さんは、はじめて理系の編集を手がけたということですが、かえってそのことによって、一人よがりになりがちな私には、いただいたコメントが新鮮で有益なものになりました。

これら多くの方々の温かいご尽力がなければ、本書の完成はありえなかったことを付け加えて、この場を借りて、すべての方々に厚くお礼申し上げます。

朝日おとなの学びなおし!

広瀬立成（ひろせ　たちしげ）

1938年、愛知県生まれ。1967年、東京工業大学大学院博士課程修了。東京大学原子核研究所、ハイデルベルク大学を経て、東京都立大学教授、早稲田大学理工学総合研究センター教授等を歴任。専門は高エネルギー物理学。理学博士。東京都立大学（現首都大学東京）名誉教授。高エネルギー加速器研究機構での実験、アメリカ・ブルックヘブン国立研究所、欧州原子核研究機構との国際共同研究を推進し、多くの成果をあげる。NPO法人「町田発ゼロ・ウエイストの会」理事長を務め、ゴミ問題に取り組む。乗馬、ダイビング、スキー、日本舞踊など、趣味も多彩。『燃えつきた反宇宙』『超ひも理論』（いずれもナツメ社）、『対称性とはなにか』（ソフトバンククリエイティブ）、『対称性から見た物質・素粒子・宇宙』（講談社ブルーバックス）、『物理学者はゴミをこう見る』（自治体研究社）など著書多数。

朝日おとなの学びなおし　物理学

宇宙・物質のはじまりがわかる

量子力学

2012年6月30日 第1刷発行

著　者　広瀬立成
発行者　中村正史
編集人　岩田一平
カバーデザイン　株式会社 渋沢企画
印刷所　大日本印刷株式会社
発行所　朝日新聞出版
〒104-8011 東京都中央区築地5-3-2
電話　03-5541-8815（編集）　03-5540-7793（販売）

ISBN 978-4-02-331085-8
定価はカバーに表示してあります

たことに相当します。スクリーン上でどの場所に電子が見つかるかは、ちょうどサイコロのどの目が出るかと同じように、純粋に確率的な事象です。そして、サイコロがそうであったように、量子力学は１個の電子の位置を確率的にしか予測できません。言葉をかえれば、量子力学には、古典力学とは違って、厳密な因果関係が成り立っていないのです。

　このことに不満をもった物理学者の一人がアインシュタインです。彼は「神はサイコロを振らない」といって、量子力学が厳密に将来を予測ができないことは、まだわれわれが重要な原理を知らないからだと主張しました。

　そのころ、デンマークには、ボーアに代表される「コペンハーゲン学派」がいて、本来の量子力学の研究を進めていました。ボーアの原子模型は、水素原子の構造などに適用され、多くの成功を収めていました。先のヤングの実験でもわかるように、波動として広がりをもつ電子波も、電子一粒を観測すると粒子としての点になってしまいます。彼らはこの現象を、「観測による波動関数の収縮」と解釈していたのですが、これがいわゆる「コペンハーゲン解釈」です。

　アインシュタインは、量子力学の評価について、コペンハーゲン学派と激しく対立しました。１９３５年には、若い研究者のローゼンとポドルスキーと一緒に「量子力学による